AF589680

AVICULTURE.

DES MOYENS A EMPLOYER
pour engraisser

L'OIE ET LE CANARD

AFIN

D'EN TIRER DE MEILLEURS PRODUITS,

Par le Dr A. COMARMOND,

MEMBRE CORRESPONDANT DES MINISTÈRES D'ÉTAT ET DE L'INSTRUCTION PUBLIQUE.

LYON.
F. DUMOULIN, IMPRIMEUR-LIBRAIRE.
Rue Centrale, 20.

1855

Lyon. — Impr. de F. DUMOULIN, rue Centrale, 20.

AVICULTURE.

ENGRAISSEMENT DE L'OIE ET DU CANARD

AFIN

D'EN TIRER DE MEILLEURS PRODUITS.

En publiant cette notice sur la manière d'engraisser l'Oie et le Canard, notre but principal est de doter d'une industrie nouvelle les habitants de la Bresse et du Forez, où se trouvent de nombreux étangs et des marécages près desquels vivent en grand nombre ces oiseaux domestiques.

Les voyages que nous avons faits en Alsace et dans le midi de la France, nous ont mis à même de recueillir des renseignements sur le parti fructueux que retirent les habitants de ces contrées en engraissant outre mesure l'Oie et le Canard ; ces renseignements nous ont inspiré les conseils que nous allons donner, afin que les propriétaires ou les fermiers des départements qui avoisinent Lyon, puissent les mettre à profit ; mais en général la routine adoptée par les habitants de la campagne qui tiennent à leurs anciens usages, est difficile à détruire ; elle ne succombe que lorsqu'un nouveau procédé leur démontre clairement qu'il y a un avantage pécuniaire à changer de méthode. C'est aux hommes intelligents de ces deux contrées, qui possèdent tous les éléments nécessaires pour entrer dans la voie que nous allons tracer, à donner l'exemple; l'essentiel est de commencer; les premiers résultats assureront le succès de cette innovation à l'instar de toutes celles qui ont eu lieu en agriculture, qui se sont développées avec hésitation et péniblement, mais dont le produit assuré a dissipé toutes les craintes de non-réussite.

Pourquoi des propriétaires du Forez et de la Bresse, parsemés d'étangs dont les berges sont couvertes de troupeaux d'oies et de nombreuses familles de canards laissés à l'abandon, qui le matin vont aux champs et le soir rentrent à la ferme sans être gratifiés d'une ration domestique, et peu chargés de graisse sont vendus sur nos marchés à des prix modiques; pourquoi, disons-nous, des propriétaires et des fermiers intelligents n'ouvriraient-ils pas une nouvelle voie à cette industrie avec les mêmes chances de réussite que dans les pays où elle s'exerce en grand?

Un département n'a-t-il pas le droit de mettre en usage les mêmes procédés de culture que d'autres? Ne doit-il pas faire ses efforts pour accroître son revenu, et profiter des mêmes avantages que ceux qui envoient leurs produits, non-seulement dans toute la France, mais encore dans les états voisins? Avec les chemins de fer qui ouvrent de nouvelles voies de communications si rapides, l'heure semble être choisie pour la création de cette industrie dans nos pays.

Une industrie, quelle qu'elle soit, lorsqu'elle apporte dans un pays un produit nouveau, n'a rien que d'honorable; toutes les classes de la société ne peuvent qu'approuver les efforts des agriculteurs pour retirer de leurs champs et de leur basse-cour le plus qu'ils peuvent produire. Nous sommes aujourd'hui dans un siècle de concurrence ; la voie est ouverte à tous ; c'est à chacun de savoir profiter des chances qui peuvent se présenter ; si certains pays sont encore sous le joug de vieilles routines, ils doivent en sortir, et ils n'en sortiront qu'à la suite d'exemples donnés par les hommes qui exercent de l'influence, et dont l'entreprise pourra prouver aux masses qu'elle donne un bénéfice réel.

Nous ne nous occuperons ici que des avantages que peuvent retirer le Forez et la Bresse à engraisser l'Oie et le Canard. Déjà cette dernière est célèbre par ses poulardes et ses chapons qui rivalisent honorablement avec ceux du Périgord et du Mans ; elle en retire de beaux produits, et un grand nombre de fermiers paient presque en totalité leur ferme par la vente de gallinacées engraissés outre mesure. Pourquoi n'y joindraient-ils pas une industrie qui est si fructueuse dans le Bas-Rhin et une grande partie de l'ancien Languedoc ?

Nous laisserons de côté, nous proscrirons même les méthodes barbares, comme celles de crever les yeux à l'animal, pour lui ôter toute espèce de distractions en ne lui laissant qu'un seul instinct, celui de se nourrir ; de le placer près d'un grand feu ; de le priver de satisfaire à une soif ardente, afin de développer chez eux un engorgement de foie, pour ne pas dire une hydropisie ; de lui clouer les pattes sur une planche en perçant la membrane qui sépare les doigts, pour le forcer à l'immobilité. Notre méthode n'est basée que sur la nature gloutonne de ces volatiles ; elle consiste à plaire à leurs goûts naturels et à les pousser jusqu'aux dernières limites des forces digestives.

L'oie a joué un certain rôle dans l'antiquité, les Egyptiens en offraient en sacrifice à la déesse Isis. Dans les cérémonies funéraires, les bas-reliefs de ce peuple nous montrent toujours cet animal figurer au nombre des offrandes destinées à appeler sur le défunt les faveurs des divinités infernales.

Les Romains sacrifiaient des oies au dieu Priape et ils conservèrent pour cet oiseau un grand souvenir de reconnaissance, à raison du service qu'il leur avait rendu lors de l'assaut du Capitole par les Gaulois. Aussi, en mémoire de ce fait, des oies sacrées furent nourries dans ce lieu même, et chaque année, à certaines époques, l'une d'elles était portée en triomphe sur une espèce de palanquin et promenée processionnellement, avec une grande pompe, dans les rues de Rome. Ils s'en servirent aussi comme de gardiens; ils les renfermaient la nuit dans leurs temples et leurs villas, afin d'être avertis par leurs cris perçants des tentatives que pourraient faire les voleurs.

Quant au canard, il est resté sans illustration et même à Rome, le canard sauvage avait la préférence sur le domestique.

Aujourd'hui l'oie est déchue de son rang, son nom est même devenu un synonyme peu flatteur pour elle, il sert à désigner l'état d'idiotisme. Elle n'a conservé que le privilége d'être donnée en prix à celui qui, dans une course à cheval, est assez adroit pour lui trancher la tête ou la lui arracher, dans certaines fêtes baladoires où cet usage barbare s'est conservé. Son image figure aussi dans le spirituel jeu de l'oie, où sa représentation dans une des cases donne un gain au joueur. Les gourmets ont concentré toute leur estime sur les qualités de son foie et seulement lorsqu'il est gras outre mesure. Quant au canard, dont l'intelligence est peu supérieure à celle de l'oie, son foie à l'état gras n'est pas à dédaigner et nous estimons sa chair beaucoup plus que celle de l'oie.

Chez les anciens Romains, les villas n'auraient pas été complètes si elles n'avaient pas renfermé des basses-cours, des viviers et des volières nommées *ornithones*.

Varron, l'ami de Cicéron, nous a laissé de nombreux renseignements sur la manière d'élever la volaille ; il donne des détails précis sur la construction des basses-cours, qui comprenaient les logements de tous les oiseaux domestiques.

Il nous dit qu'on en retirait d'énormes revenus comme produits, qui dépassaient souvent ceux des récoltes.

Les peuples de l'antiquité, chez lesquels l'expérience n'avait point encore été sanctionnée par une série de siècles et d'observations, n'avaient point négligé de s'occuper de ces oiseaux domestiques.

Varron, dans son *Traité sur l'art d'élever les oiseaux domestiques*, et sur les moyens qu'on devait employer dans les villas romaines pour les engraisser, dit qu'ils doivent être renfermés dans un lieu calme, chaud et obscur; qu'on doit leur enlever les grandes plumes des ailes et de la queue, et les gorger deux fois par jour de boulettes de farine d'orge, mêlée d'ivraie et de graines de lin ; qu'il ne faut point négliger de les débarrasser de la vermine, et qu'en suivant ce régime pendant vingt-cinq jours, la volaille était très-grasse. Il ajoute que quelques éleveurs employaient de préférence le pain de blé imbibé de bon vin étendu d'eau, et que vingt jours suffisaient, avec une telle nourriture, pour obtenir des volailles grasses et tendres.

De nos jours, on s'est beaucoup occupé de perfectionner l'art d'engraisser tous les genres d'animaux qui peuplent nos fermes, la volaille n'en a point été exceptée ;

de nombreuses expériences ont été faites ; la chimie et la physiologie animale y ont apporté leur concours. L'analyse des aliments, l'étude des fonctions digestives, rien n'a été oublié ; les savants même n'ont point dédaigné de se prêter à ces recherches.

L'art de nourrir les oiseaux de basse-cour a fait de grands progrès, surtout en Angleterre, où l'on a tenté tous les genres de nourriture et à tous les âges de leur vie.

L'expérience est venue démontrer que telle qualité d'aliment bien digéré entretient la chaleur nécessaire à la santé de l'oiseau ; que telle autre favorise la croissance et supplée aux déperditions de chaque jour ; dans la première catégorie, les éleveurs placent le riz, la pomme de terre et toutes les productions dont l'amidon forme la base principale.

Dans la seconde, pour la croissance et la production des chairs, se trouvent le blé, l'orge, l'avoine, le gruau, les pois, les fèves et d'autres graines légumineuses.

Les aliments qui concourent à la formation des os, résident spécialement bien plus dans la cosse des graines que dans leurs substances intérieures, et sans doute aussi dans les molécules des graviers souvent calcaires qu'ils avalent pour triturer leurs aliments.

Les substances qui contribuent le plus à la production de la graisse, sont les matières huileuses ; elles se trouvent abondamment dans le maïs jaune, la graine de lin, le son, les fruits à noyau ; aussi voyons-nous ces substances très-employées pour engraisser nos oiseaux de basse-cour, surtout le maïs et le son, dont on fait un grand usage. Dans certains pays, on engraisse le dinde en le gorgeant de noix entières ; nous avons vu cette méthode réussir avec le plus grand succès.

En général, toutes les graines oléagineuses concourent à la formation de la graisse. Varron dit que les Romains faisaient un grand usage de la graine de lin pour engraisser leurs volailles.

Nous ne l'employons point à cause de sa cherté, mais chez les peuples du nord, où le lin se cultive en grand, ils possèdent un élément précieux pour ce genre d'industrie.

Chaque pays, d'après les productions de son sol, doit choisir les graines oléagineuses qui sont les moins coûteuses; ainsi, pendant quelques jours, dans nos pays, avant de mettre l'oie et le canard dans leur prison, il serait bien de les gorger de son, avant de les priver de leur liberté.

Passons maintenant aux méthodes qui sont employées en Alsace et dans le Languedoc, où les habitants trouvent un grand produit dans les élèves qu'ils font en oies et en canards, qu'ils engraissent ensuite, pour retirer de ces animaux, soit pour la vente, soit pour la consommation des ménages, différents produits, dont quelques-uns rentrent dans le commerce français et sont même exportés à l'étranger et jusqu'en Amérique.

Des diverses méthodes pour élever et engraisser l'Oie et le Canard.

Ici nous garderons le silence sur les différentes espèces d'oies et de canards, et nous ne nous occuperons que de celles qui appartiennent au pays, de l'oie à plumage blanc ou gris, et du canard de basse-cour nommé vulgairement *batteur-de-pavé*. Ces deux familles sont, en histoire naturelles, classées dans les Palmipèdes.

Ces oiseaux domestiques passent en général les nuits dans les basses-cours, pour se mettre à l'abri de leurs ennemis ; leurs journées sont passées dans les champs et dans les étangs, rivières ou pièces d'eau voisines des habitations.

Ils ont des lieux de prédilection pour pondre ; ils répugnent quelquefois à faire leurs œufs dans les lieux qui leur sont préparés dans les fermes, et s'écartent furtivement pour aller les déposer dans le fourré d'une haie, dans des broussailles ou dans des joncs, sur la berge d'un étang.

Les couvées de l'oie et du canard ne sont en général que de treize à dix-sept œufs. L'ancien préjugé qui régnait chez les anciens, qu'il était important que les œufs fussent en nombre impair, s'est conservé jusqu'à nous. Dans les basses-cours, ceux qui sont chargés de placer les œufs sous les couveuses, que ce soit des gallinacées ou des palmipèdes, se conforment rigoureusement à cette règle. L'éclosion se fait au bout de trois semaines ; les petits sortis de leur coquille, restent sous les ailes de leur mère jusqu'à ce que tous ceux qui se trouvent dans les œufs fécondés aient brisé les parois de leur prison, et la mère souvent les aide à s'en débarrasser ; si dans le nombre des œufs quelques-uns sont inféconds, un instinct naturel semble annoncer à la couveuse que l'éclosion de tous les œufs fécondés est achevée. Cette opération terminée, le premier soin de la mère est de les conduire sur le bord de la pièce d'eau ou de la rivière la plus voisine, en ayant soin de choisir le lieu où l'eau est paisible.

La mère donne l'exemple pour les premiers essais de natation, ses petits la suivent avec la même assurance que s'ils en avaient une longue habitude, en se conformant à l'inspiration que leur a donnée la nature. Cet instinct naturel est tellement développé que, dès les premiers jours de leur vie, dans les fermes où les couveuses de ces espèces manquant, on confie leurs œufs à des poules couveuses qui ne s'aperçoivent point de la supercherie et qui ont les mêmes soins et la même tendresse pour leurs petits, ceux-ci, malgré les efforts de là couveuse, s'élancent à l'eau dès qu'ils sont assez heureux pour en apercevoir; elle les appelle en vain, elle suit les bords de l'eau avec la plus grande anxiété, les ramène à la ferme, s'habitue à cette vie qui n'est point la sienne et leur prodigue les mêmes soins qu'aux petits de son espèce, jusqu'au moment où ils peuvent se passer de la chaleur maternelle et qu'ils ont pris assez de croissance pour se conduire seuls.

Ces oiseaux domestiques, qui sont une partie importante des basses-cours dans certains pays, sont peu coûteux à nourrir, et surtout l'oie. Dans les premiers jours de leur naissance, on leur donne quelques graines, du son mêlé avec des pommes de terre et des plantes légumineuses hachées. Ces soins doivent nécessairement se continuer pour tous ceux qui sont gardés dans les basses-cours et auxquels on ne donne point la liberté d'aller pâturer dans les champs. L'oie s'écarte davantage de son domicile habituel que le canard; elle choisit de préférence le bord des étangs, elle est friande de mollusques, d'insectes aquatiques et même de plantes qui croissent dans les eaux; elle fait la guerre au fretin du poisson et aux batraciens de petite taille; on leur permet de pâturer dans les terres où les moissons sont levées et dans les jachères abandonnées; mais on les empêche avec soin de parcourir les pâturages qu'elles souillent de leur fiente, et qui deviendraient impropres à nourrir les troupeaux.

Arrivés à un certain degré de croissance, ces oiseaux, surtout les oies, se passent des soins de leurs maîtres.

Ils ont appris à connaître le toit qui les a vus naître, ils partent le matin pour y revenir le soir, et sont habitués à aller chercher leur nourriture dans les lieux qu'on leur a destinés.

Le plus grand nombre des couvées a lieu dans les mois de mai et de juin, et au bout de trois mois les petits ont atteint une croissance qui permet de les apporter sur les marchés; mais les éleveurs se défont plus difficilement, à cette époque, de l'oie que du canard, attendu qu'ils font, dans le milieu de leur vie, une récolte de leurs plumes. Pour cette opération, il faut que le plumage d'été soit fourni et que l'oiseau soit dans sa force ; arrivé à cette époque, les servantes de la ferme s'emparent des oies, les unes après les autres, les placent entre leurs genoux et leur enlèvent sans pitié leurs plumes qui sont vendues aux fabricants d'oreillers et d'édredons.

Une seconde récolte de ce produit est faite des volailles après leur mort ; on joint aux plumes à duvet celles des ailes qui servent à écrire ; mais depuis l'invention des plumes métalliques ce produit a beaucoup diminué. L'oie plumée vivante sort honteuse et souffrante des mains de son bourreau ; mais, obligée de se soumettre à ce supplice, elle prend son parti, retourne à ses anciennes habitudes de vie, et arrive au terme fatal où elle apparaît le plus souvent sans vêtements sur nos marchés ; elle y est alors vendue plus ou moins cher, suivant son embonpoint ;

telle est à peu près la vie de ces oiseaux domestiques, et le parti qu'on en tire dans nos contrées.

Passons actuellement aux différentes méthodes employées pour engraisser au dernier degré ces animaux, à Strasbourg, à Auch, à Toulouse, et dans les autres lieux où les habitants s'occupent de cette industrie.

La méthode employée pour l'Oie et le Canard diffère peu. Néanmoins nous établirons les différences usitées pour les uns et les autres.

Déjà dans les temps antiques les Grecs et les Romains avaient mis une grande importance à engraisser les oiseaux domestiques dans leurs villas ; ils mettaient tous leurs soins à la construction de leurs volières et de leurs colombiers ; des bassins y étaient également établis pour les oiseaux aquatiques ; c'était pour eux non-seulement des objets de luxe, mais encore d'un grand produit, et des auteurs de distinction n'ont pas dédaigné de faire des traités sur le mode de construction, l'ameublement convenable pour plaire à leurs habitudes ; ils sont descendus jusqu'à tracer minutieusement leur régime alimentaire, et même à désigner les aliments les plus propres à développer les chairs et ceux qu'il fallait employer pour augmenter le tissu graisseux, comme nous l'avons déjà dit plus haut.

Méthode employée dans le Bas-Rhin pour engraisser l'Oie.

Lorsque les oies sont arrivées à leur degré de croissance, les éleveurs choisissent dans le troupeau le nombre qu'ils destinent à être engraissées.

Cette industrie commence dans le mois d'octobre, aux premières fraîcheurs, et se termine dans les derniers jours de mars. Pendant cet espace de temps, le nombre d'oies soumises à ce régime est subordonné aux demandes qui leur sont faites ; les éleveurs ont non-seulement les pâtissiers pour clients, mais encore la vente sur les marchés. Là, comme ailleurs, la concurrence existe, c'est au plus intelligent et au mieux inspiré à calculer la quantité des élèves qu'il doit mettre en cage ; en général, ils n'en mettent d'abord qu'un petit nombre, qu'ils augmentent successivement ; en agissant ainsi, ils échelonnent la vente de leurs produits, pour fournir à la consommation de leur clientelle, et font concorder leurs plus fortes ventes à certaines époques de l'année, où les pâtés de foie gras sont très en vogue.

Le lieu qu'on doit choisir pour placer les cages doit être sombre, frais et calme. Les cages représentent une série de cases, espèce de prison cellulaire, dont la construction est facile et peu dispendieuse ; elles se composent de montants et de planches de sapin, jointes entre elles et de manière à former une longue caisse, dont les montants qui servent de pieds dépassent de 15 à 20 centimètres la base de cette caisse qui doit avoir en hauteur de 60 à 65 centimètres et 80 de largeur.

Cette opération faite, on la divise en case de 40 à 45 centimètres, au moyen de cloisons en planche. Au centre et sur le devant de chaque cloison, on pratique une ouverture longitudinale et légèrement ovale, par où l'oie puisse passer sa tête et son long cou.

Le derrière de la case est plein ; le dessous, sur le derrière, est percé à jour par des fentes qui permettent à la fiente de l'animal de s'écouler.

Le dessus de la cage présente une petite porte à coulisse ou à charnière, au-dessus de chaque case. Sur le devant et au bas de la cage, on place une espèce de petite crèche ou gaîne, destinée à supporter un petit vase à eau, où l'animal boit, en passant sa tête par l'ouverture qui existe sur le devant de sa prison.

Il est inutile de dire que quelques cases doivent avoir un plus grand diamètre pour les oies qui ont dépassé la taille ordinaire, ou qui, pendant qu'elles sont soumises au régime cellulaire, prennent un plus grand développement.

Le mode adopté pour les engraisser est des plus faciles ; il ne faut, pour arriver au but qu'on veut atteindre, qu'une constante assiduité. En général, ce sont les femmes qui sont chargées de ce soin.

Voici comment elles procèdent : elles placent un banc près de la cage, ainsi que le vase ou baquet qui contient le maïs ; ceci fait, elles étendent sur le banc un linge grossier et assez long, de la largeur de 20 centimètres ; elles vont ensuite prendre l'oie dans sa cage, la couchent en travers sur le linge qui est étendu sur le banc, la tête du côté du baquet. Elles renversent ce linge sur le corps de l'oie, de manière à l'envelopper, afin d'empêcher toute espèce de mouvement ; elles ramènent l'extrémité du linge vers celle qui lui est opposée, et s'asseyent sur ses deux bouts réunis, de manière à ce que l'animal soit fixé d'une manière solide dans l'anse que forme ce linge.

L'oie ainsi placée à gauche de la mère nourricière, celle-ci, de sa main gauche, saisit la tête de l'oie, la ramène à elle, et, de la droite, elle lui entrouvre le bec qu'elle maintient dans cette position avec le pouce et l'index de la gauche; dans cette pose, le bec ouvert, la main droite étant libre, elle prend à différentes fois le maïs qu'elle a placé près d'elle, en n'en laissant tomber dans la bouche de l'animal que quelques graines à la fois et successivement, en attendant toutefois que la déglutition s'opère autant que possible par les propres forces de l'animal, et lorsqu'elles ne suffisent pas, qu'il y a embarras momentané dans l'œsophage (canal qui conduit à l'estomac), on fait couler les graines en exerçant, avec les doigts, une pression de haut en bas, au-dessus de la partie engorgée par le maïs.

On ne fait faire à l'oie que deux repas par jour, l'un le matin, l'autre le soir; le reste de la journée, elle est abandonnée à elle-même dans sa cellule, et peut boire à volonté l'eau qui se trouve dans un vase placé au devant de l'ouverture de sa cage. On reconnaît que son appétit est satisfait lorsqu'elle montre une espèce de répugnance à avaler et qu'au toucher on sent la poche du gésier gonflée et tendue. Le maïs jaune est celui auquel on donne la préférence, parce qu'il contient une plus grande quantité de substances huileuses qui concourent à la formation de la graisse. Un double décalitre suffit en général pour engraisser une oie, et, le plus communément, c'est au bout de 18 à 22 jours qu'on arrive au résultat voulu, mais quelquefois le terme est de 25 ou 26 jours, et on n'est obligé que très-rarement de poursuivre jusqu'au 27e, 28e ou 29e jour.

Les oies, comme tous les animaux, diffèrent entre elles sous le rapport des forces digestives, de l'activité de la nutrition et de l'aptitude plus ou moins grande du tissu cellulaire à se gorger de graisse. Il existe aussi quelques cas où une maladie ou une constitution particulière de l'animal le rend impropre à être engraissé, alors on doit, par économie, abandonner ce sujet.

On reconnaît qu'une oie est arrivée au dernier degré d'obésité qu'elle peut atteindre, à la paresse de ses mouvements, à son peu d'avidité pour les aliments et même au dégoût qn'elle manifeste pour eux, et enfin, par le toucher, à la molle rotondité de son corps et au poids habituel qu'elle prend dans cet état.

Telle est la méthode employée en Alsace ainsi qu'en Allemagne, pour engraisser les oies, car les environs de Strasbourg ne suffisent point aux pâtissiers de cette ville pour leur fournir les foies nécessaires à leur industrie; les propriétaires et fermiers des Etats voisins en fournissent à Strasbourg un très-grand nombre; les environs de Stuttgard surtout en font un grand commerce, très-lucratif pour les habitants.

Les soins d'une seule femme suffisent pour engraisser cinquante à soixante oies à la fois. L'arrêt de mort de l'une d'elles une fois prononcé, on ne lui tranche point la tête, on la saigne; aussitôt après, elle est dépouillée de ses plumes et pendue par les pattes dans un lieu frais; on la laisse pendant 24 heures, parce que, dit-on, dans cette position, le sang ayant une issue par l'ouverture faite pour la saignée, le foie s'en débarrasse et acquiert une blancheur qui lui donne une valeur plus grande. L'oie, ainsi préparée, est portée sur le marché ou chez le pâtissier, vendue entière ou débitée en diverses parties, le foie d'une part, la graisse de l'autre et enfin le corps de l'animal, suivant que le propriétaire croit y avoir plus d'avantage. Le poids de l'oie grasse est de six à sept kilogrammes en commune, il arrive quelquefois à huit et neuf kilogrammes et rarement à dix. Du reste le poids que peut atteindre cet oiseau engraissé dépend beaucoup de sa taille au moment où il est mis en cage et de circonstances inconnues qui appartiennent à son organisation particulière, qui facilitent la production du tissu graisseux. Le poids du foie est, en commune, d'un demi à trois quarts de kilogramme, il arrive rarement à un kilogramme.

Dans les temps ordinaires, le prix du foie varie de trois à six francs, quelquefois huit francs, suivant la grosseur et la qualité.

Les foies qui offrent le plus de dureté et de blancheur se vendent davantage que ceux à teintes sombres, sanguinolentes, et que ceux qui sont mous ; ces derniers présentent moins de résistance à se fondre par l'action du feu et perdent de leur volume pendant la cuisson.

A Strasbourg, la chair de l'oie dépouillée de son foie se vend sur les marchés toujours au prix de la viande de boucherie et souvent davantage. Quoique cet oiseau abonde, il est en grand honneur chez le peuple de cette ville; rôti au four, c'est le mets privilégié du dimanche, où chaque boulanger voit arriver dans son four trente à quarante oies qui lui sont apportées par ses clients.

La graisse est aussi un des produits importants, en outre du foie et du corps de l'animal ; on la retire des viscères qu'elle enveloppe; chaque oie fournit, en commune de 2 à 2 kilogrammes 1/2 de graisse qui est plus estimée que le beurre pour les accommodages et se vend toujours, par kilogrammes, 10 à 15 centimes de plus que lui et que l'huile proportionnément.

Méthode pour engraisser l'Oie et le Canard dans les départements du Gers, de l'Arriège, de l'Aude, du Lot, de Lot-et-Garonne et de la Haute-Garonne.

Dans ces départements surtout, et dans plusieurs qui les joignent, les fermiers élèvent un grand nombre de ces palmipèdes, non-seulement pour leur consommation particulière, mais encore pour les livrer au commerce à l'état gras, et comme prêts à être engraissés, aux cultivateurs ou habitants du pays qui n'ont pas des terres et des lieux convenables pour les élever jusqu'au moment où ils sont arrivés au degré de croissance suffisant pour être fermés et mis au régime qui doit terminer leur carrière.

C'est l'oie commune du pays qu'on y élève. Le canard (*batteur de pavé*) y est aussi élevé en grand nombre, mais on y propage avec plus de soin un canard de race croisée, en employant le mâle du canard de Barbarie pour féconder la femelle du canard commun. Ce mulet est nommé par les paysans *mulard*. En commune, ces canards pèsent un kilogramme à un kilogramme et demi de plus que le canard ordinaire. Lorsqu'ils sont arrivés au terme de leur crue, la méthode qu'on emploie pour engraisser ces animaux diffère peu de celle en usage dans le Bas-Rhin; néanmoins elle présente quelques différences et des particularités dans les préparations de ces animaux à l'état gras.

On ne place point l'oie et le canard dans une cage où leurs mouvements sont très-limités, on les laisse à l'état libre dans une pièce au rez-de-chaussée; il faut qu'elle soit sombre, calme et aérée; on y étend une couche de paille légère, qu'on surcharge d'une autre couche tous les trois à quatre jours, afin que leur prison soit dans un bon état de propreté.

Le maïs est le seul aliment dont on se sert pour les engraisser, et l'on choisit de préférence le jaune; pendant deux ou trois jours, on leur en donne deux fois par jour, matin et soir, ensuite trois fois, le matin, à midi et le soir; mais lorsque la digestion devient difficile, on supprime le repas de midi, et en général, dans les derniers jours, on se contente de leur donner matin et soir. La mère-nourricière qui les emboque connaît, en leur touchant le gésier, lorsqu'il est suffisamment plein, et si les digestions sont actives, lorsqu'en le pressant, avant de leur donner à manger, elle le sent vide au moyen du toucher.

Un peu d'habitude donne bientôt des règles certaines pour savoir la quantité de maïs que l'animal doit ingurgiter, et si l'on doit augmenter ou diminuer la dose de ses aliments à chaque repas, ou supprimer celui du milieu du jour. Dans ces départements, la femme ou mère nourricière chargée d'engraisser l'oie et le canard, ne les serre point dans un linge pour les emboquer, comme dans le Bas-Rhin, elle place devant elle son maïs et une bouteille pleine d'eau. Ce premier préparatif fait, elle les prend les uns après les autres, à chaque repas, et chacun à leur tour, leur fait subir le même traitement; elle s'agenouille, le genou droit à terre et le gauche relevé; dans cette posision, elle fixe le corps de l'animal entre ses cuisses, saisit sa tête de la main gauche, lui ouvre le bec en s'aidant des doigts de ses deux mains, et y introduit un entonnoir, dont elle enfonce le tube un peu au-dessous du niveau de la base de la tête; l'entonnoir ainsi placé, on le maintient en empoignant de la main gauche les deux mandibules serrées contre l'entonnoir et en lui donnant une position perpendiculaire ; cela fait, on prend une baguette avec le pouce et l'index de la main droite, et on plonge les trois doigts qui restent libres, dans le maïs, dont on retire environ une demi poignée qu'on laisse tomber peu à peu, par deux ou trois grains à la fois ; quand les grains remplissent le tube, on les pousse avec la baguette dans le gosier de l'animal, en ayant soin de verser plusieurs fois un peu d'eau pour faciliter la descente du grain dans le gésier ; on facilite aussi cette descente en pressant de haut en bas le canal alimentaire ; on sent très-facilement si la déglutition est complète, et s'il restait quelques grains engagés, un peu d'eau et la pression des doigts suffisent pour les faire couler ; on répète ce procédé jusqu'à ce que le gésier soit convenablement garni ; cette opération terminée, on lâche l'animal ; on doit avoir le plus grand soin de tenir à sa disposition un baquet d'eau où il puisse boire à volonté. La construction de l'entonnoir doit être ainsi : le tube doit avoir 15 à 16 centimètres de long et 16 millimètres de diamètre ; son extrémité est coupée en sifflet pour en faciliter l'introduction, et ses bords sont garnis d'un petit bourrelet pour ne point blesser les parois du gosier de l'animal. La coupe de l'entonnoir a une hauteur de 8 centimètres et son embouchure 10 à 12 centimètres.

La baguette est cylindrique, surmontée d'un petit pommeau pour l'appui du pouce lorsqu'on la tient à poignée des quatre autres doigts, et qu'on s'en sert pour pousser les grains de maïs qui sont engagés dans le tube ; l'extrémité est légèrement arrondie et sa longueur ne permet pas qu'elle dépasse l'extrémité du tube de l'entonnoir, afin qu'elle ne froisse point inutilement les parois de l'œsophage (canal qui conduit au gésier).

Une poignée et demie à deux poignées suffisent pour une oie, et une poignée pour un canard, à chaque repas. Nous parlons ici d'une manière générale, car il existe toujours quelques exceptions et de petites différences dans l'activité des organes digestifs de ces oiseaux sous le rapport de l'appétit, comme sous celui de la disposition du tissu graisseux à se développer. En général, pour l'oie, il faut de 20 à 25 jours en commune pour qu'elle soit arrivée au dernier degré d'obésité; pour le canard, il faut 5 à 6 jours de moins, quelquefois certaines oies sont grasses outre mesure au bout de 18 à 20 jours.

Pour arriver au but, il faut une grande régularité dans leur régime, suivre avec attention toutes les phases de la durée du temps nécessaire à les engraisser, savoir augmenter à propos ou diminuer leur ration de maïs; du moment où le système graisseux a acquis un certain volume, l'animal commence à devenir paresseux, à être moins libre dans ses mouvements, et enfin, dans les derniers jours, il demeure presque immobile et accroupi sur ses pattes. Lorsqu'il est arrivé à ce point, on juge par le poids et surtout par le défaut d'appétit qu'il est arrivé au dernier point d'obésité et qu'il est temps de lui donner la mort; mais la veille, on le porte dans la pièce d'eau la plus voisine où il a beaucoup de plaisir à se nettoyer lui-même, de là on le conduit sur une litière fraîche, afin que la plume, qui est encore un produit, se sèche, soit propre et conserve tout son éclat. On ne lui tranche pas la tête, mais au moyen d'un couteau très-effilé, on lui traverse le cou au niveau des premières vertèbres et l'on coupe ainsi les jugulaires et les carotides ; dans cette opération on fixe solidement la tête et le corps de l'animal afin que le sang coule sans tacher les plumes.

L'animal mort, on le pend pendant 12 ou 15 heures par les pattes ; après cet espace de temps, on le dépouille de ses plumes en faisant le choix du duvet et de celles qui peuvent servir à d'autres usages, et elles sont ainsi vendues par lots aux plumassiers.

Ce travail terminé, l'oie est passée à l'eau bouillante pour arriver à ce qu'on appelle la blanchir. Dans cette opération, la chaleur soulève l'épiderme et déracine le duvet resté en place ; ensuite, en frottant avec un linge tout le corps, on entraine l'épiderme et tout le duvet qui avait échappé aux doigts.

L'oie ou le canard ainsi préparé, on le place sur le dos, et au moyen d'une incision longitudinale dans toute l'étendue du bas-ventre, on retire avec précaution les intestins, le foie et les autres viscères ; on dégraisse avec soin les intestins et tout l'intérieur du corps. Le foie et la graisse sont mis à part ; on dépèce ensuite l'animal, on lui enlève la tête, le cou qu'on divise par tronçons, les ailerons et les pattes ; le corps est coupé en 15 ou 16 morceaux.

L'animal ainsi détaillé, on verse une demi-verrée d'eau dans une marmite, puis on y jette tous les morceaux, moins le foie ; du moment où la chaleur devient assez forte, la graisse se fond, et les chairs cuisent dans cette graisse ; lorsque la cuisson est achevée, on les saupoudre de sel fin et on les place un à un, couche par couche, dans un vase d'argile ordinaire ou mieux en grès et l'on verse dessus la graisse qu'on a eu le soin de saler, de manière à ce qu'ils baignent et que même il existe en dessus une couche assez épaisse de graisse.

La tête, le cou, les pattes et les ailerons sont mis à part et traités de la même manière; ce sont des morceaux moins distingués et qui sont les premiers consommés dans les ménages.

Les foies sont également mis à part, on les divise quelquefois en deux ou trois parties; on ne leur fait subir qu'une demi-cuisson, on les saupoudre également de sel fin; si on en met plusieurs couches dans le même vase, on doit toujours laisser 2 à 3 centimètres de graisse entre chaque couche et même donner une épaisseur plus grande à celle qui se trouve au-dessus et qui termine; on conserve ainsi les foies deux à trois mois.

Quant aux conserves des autres parties de l'animal, on peut les garder un an et même deux sans qu'elles se corrompent et se rancissent.

C'est ainsi que dans ces départements on prépare l'oie et le canard comme provision de ménage. Le foie d'oie est en général employé dans les repas de cérémonie, les autres morceaux sont destinés à la consommation ordinaire. Les habitants du pays s'en régalent soit en les mangeant tels quels au sortir du vase qui les contient, soit en leur faisant subir d'autres assaisonnements, ou bien ils en mettent un morceau ou deux dans le pot-au-feu pour donner du montant à leur bouillon, et malgré cette nouvelle cuisson, la chair n'en est pas moins très à leur goût.

Le foie se mange frit légèrement, ou farci avec des herbes hachées.

Cette manière de préparer l'oie et le canard est d'une très-grande ressource pour les habitants de ces pays; nous ne voyons pas pourquoi ceux de la Bresse et du Forez ne profiteraient pas des mêmes avantages qu'ils sont très à portée de se procurer. Ces chairs pourraient souvent remplacer celle du porc qu'un habitant peu aisé se trouve dans l'impossibilité de se procurer, à raison du prix de ces animaux, et la graisse d'oie et de canard remplacerait pour eux le beurre ou la graisse de saindoux.

Dans la plus grande partie du Languedoc, les conditions pour les fermages ne sont point les mêmes que dans d'autres contrées de la France ; les fermiers ne sont que des espèces de domestiques réunis ou des familles entières qui reçoivent pour salaire du maïs, du blé, un coin de terrain pour leurs légumes et du bois de chauffage ; mais aucune somme en argent ne leur est donnée, leurs gages sont payés en nature à des taux différents, suivant le sexe, l'âge et la ferme ; ils sont chargés du labourage des terres, du soin des troupeaux et des charrois ; les vignes sont réservées ; ils n'entrent point dans les frais de la levée de la récolte et du battage. Ils n'ont aucun droit sur les produits, mais dans leurs engagements, une clause spéciale leur alloue un certain nombre d'oies, de canards et de porcs ; le nombre en est calculé d'après l'importance de la ferme et la quantité de bras nécessaires pour l'exploitation du domaine.

D'après ce que nous venons de dire, on juge de quelle importance est, pour ces départements méridionaux, l'aviculture de l'oie et du canard non-seulement à l'état gras, mais encore de ceux à l'état maigre ; les éleveurs en fournissent à tous les habitants et propriétaires qui, par des raisons de fortune ou le manque de terres et d'eau convenable, se contentent de les engraisser.

Dans le Bas-Rhin, toute l'attention des éleveurs est portée du côté du foie dont la vente est assurée, et sur celui de la graisse qui est indispensable pour la confection des pâtés dont on fait un immense commerce et qui est de plus d'une utilité dans les ménages.

Dans les départements du midi, au contraire, l'aviculture du canard et surtout celle de l'oie a pour but principal de devenir une ressource annuelle comme aliment essentiel dans tous les ménages, et qui leur fournit pour un grand nombre de jours dans l'année, un potage au bouillon d'oie ou de canard et un mets de chair bouillie dont les habitants sont très-friands; les graisses, d'autre part, soit celles où les quartiers de l'animal sont noyés, soit celles qui ont été fondues dans des vases particuliers, viennent remplacer le beurre et l'huile dans les accommodages.

Dans ces départements les foies de canards ont la suprématie sur ceux d'oies, qui le plus généralement sont consommés dans les ménages.

Les traiteurs d'Auch, de Toulouse, de Nérac, etc., font spécialement usage du foie de canard dans leurs terrines, et s'ils emploient celui d'oie, ils le vendent le plus souvent sous le nom de terrine de foie de canard, dont la renommée est plus grande. Ils ne font qu'un commerce très-restreint de pâtés de foie d'oie, et en laissent à Strasbourg la suprématie.

En venant d'indiquer les moyens employés dans différentes contrées de la France pour engraisser ces oiseaux de basse-cour, nous ne venons point les condamner à des martyres nouveaux; le plus grand qu'ils aient à souffrir est lorsque, à une époque de l'année, on plume les oies vivantes, pour employer leur duvet à la litière humaine.

Nous ne pouvons leur épargner ce supplice dont la cupidité ne se désemparera point ; mais leurs derniers jours, qui seront entourés de soins assidus, se passeront dans les délices de Capoue.

La cruauté humaine et la cupidité avaient inventé, il est vrai, de nombreux supplices pour parvenir à engraisser toutes sortes d'oiseaux de la manière la plus prompte et la plus économique ; ainsi dans un temps on crevait les yeux à l'ortolan pour lui ôter toute espèce de distractions ; aujourd'hui dans une cage obscure, avec une mangeoire garnie de millet trempé dans du lait, il s'engraisse très-bien sans qu'on le mutile.

On clouait les pattes de l'oie et du canard dans certains cas pour les forcer à l'immobilité dans un lieu obscur, et ne leur laisser que le seul instinct de bien manger dans cette position.

Dans les différentes méthodes que nous venons de signaler, nous voyons qu'on n'a adopté, d'une manière générale pour tout élément de nutrition, que le maïs jaune et l'eau ; c'est sans doute un très-bon régime ; mais en examinant quels soins toutes les espèces d'oiseaux prennent pour favoriser leur digestion en avalant de petits graviers qui arrivés dans le gésier concourent à triturer les aliments et à favoriser ainsi une bonne digestion, nous pensons que cette prévoyance qui rentre dans leur instinct naturel, n'est point sans utilité, et nous croyons qu'il serait convenable de mettre à leur disposition un vase où seraient déposés de petits graviers, pour suppléer à l'impossibilité de s'en procurer dans leur prison. C'est un essai qu'on peut d'autant mieux tenter qu'il rentre dans leurs habitudes, et que dans l'ordre de la création, cet instinct naturel a sans aucun doute un avantage. Cette nécessité, de la part des oiseaux, paraît si bien fondée, que pour certains d'entre eux qui habitent les marais où il y a absence de gravier, on rencontre dans leur estomac des grenailles en fonte sorties du fusil des chasseurs qui s'en servaient par économie encore plus autrefois qu'aujourd'hui. Ces oiseaux aquatiques, faute de graviers, les remplacent par ces petits projectiles qui offrent une grande dureté pour la trituration de leurs aliments; nous avons très-souvent rencontré de ces grenailles de fer et jamais de celles de plomb; serait-ce parce que ce métal, qui se trouve dans tous les marais où l'on chasse, n'est point assez dur, ou que l'oiseau, par un instinct que nous ne pouvons concevoir, connaisse que la nature du plomb est dangereuse pour sa santé?

Ces faits peuvent être étudiés sous le rapport instinctif, mais sous celui des effets digestifs il n'est point sans quelque importance de complaire à des habitudes qui rentrent dans l'ordre des organisations, et qui ne peuvent nuire dans ce mode de les engraisser, puisque les meilleures digestions sont celles que l'on veut obtenir, et que dans la nature, l'oiseau emploie ce moyen pour les favoriser.

Si autrefois, en Alsace, on plaçait l'oie près d'un feu ardent, c'était pour lui procurer un engorgement, une hydropisie du foie.

Aujourd'hui toutes ces méthodes barbares sont abandonnées, non par pitié et tendresse pour ces pauvres animaux; mais parce que les éleveurs se sont convaincus que par les moyens que nous avons cités, ils arrivaient avec économie et moins de frais au même but, et qu'ils ont jugé que, sans aucun profit, ces moyens cruels leur faisaient perdre quelques élèves, et qu'en se contentant de la prison cellulaire ou de genillier obscur, ils arrivaient au même résultat.

Aujourd'hui, sans que les animaux doivent en savoir gré à ceux qui les engraissent, ils sont traités avec douceur et avec les plus grands soins ; on cherche à leur plaire, et on les touche avec délicatesse, surtout à la fin du traitement pour ne point déchirer le tissu graisseux, blesser le foie qui a pris beaucoup d'ampleur, dont un coup ou une pression forte sur cet organe pourrait rompre le parenchyme distendu et ferait périr l'animal.

Les bons traitements qu'on leur prodigue sur la fin de leurs jours, sont toujours en rapport direct avec le lucre qui doit résulter de leur embonpoint; mais ils ne retardent point le sort qui les attend. Aussitôt que par le poids, l'inappétence, l'obésité, l'éleveur juge que le tissu graisseux est arrivé à son apogée, qu'il n'y a que perte en prolongeant la durée de ce régime de luxe, l'arrêt de mort est prononcé. On n'a aucun intérêt à les faire souffrir. Chaque pays a adopté à peu près le même supplice; en Alsace et en Languedoc on les saigne ; la souffrance de ce mode n'est pas longue, mais peu importe ; l'essentiel pour le propriétaire est que l'animal soit aussi gras que possible, et qu'il produise le plus à la consommation du ménage ou à la vente sur le marché.

Il est hors de doute que si l'on parvient à engraisser des oies à Strasbourg, et le même animal ainsi que des canards dans le Languedoc, la réussite ne nous paraît pas douteuse dans un pays tel que la Bresse et le Forez et même partout ailleurs ; elle ne dépend pas du climat, en froid comme en chaud ; à Strasbourg l'hiver est plus intense, à Toulouse et à Auch la chaleur est plus grande que dans nos contrées qui sont placées dans une zône plus tempérée et qui ne peut contrarier cette industrie.

Le maïs, qui contient à un haut degré les principes nécessaires pour le développement de la graisse, croît très-bien dans nos terres, et son emploi réussit parfaitement pour engraisser nos chapons et nos poulardes.

Nous ne pensons pas que les oies et les canards de Strasbourg et de Toulouse aient une autre organisation que les nôtres, que la sensibilité de l'estomac et l'appétence de ceux-ci soit différentes, qu'ils n'aient point le même goût et la même facilité à bien digérer cette graine qui plaît à tous les oiseaux de basse-cour. Tout s'accorde donc à donner la certitude que cette industrie qui s'exploite dans l'Alsace et le Languedoc, doit réussir de même dans la Bresse, le Forez, et dans toutes les parties de la France où il existe des marais, des étangs, et qui sont sillonnées par des rivières à cours paisibles où ces animaux se plaisent et peuvent y être élevés en grand nombre.

De l'Oie et du Canard sous le rapport culinaire.

Les anciens, dont le luxe de la table était beaucoup plus dans la profusion que dans le choix et la délicatesse des apprêts, avaient les organes du goût moins difficiles et moins appréciateurs que les nôtres ; néanmoins ils n'ont point négligé d'élever dans leurs basses-cours des oies et des canards.

Les Egyptiens prisaient l'oie et en faisaient une grande consommation ; les bas-reliefs funéraires nous la montrent souvent dans les offrandes, et s'ils osaient les offrir à leurs divinités infernales pour implorer leurs faveurs , il est probable que les ministres des temples ne dédaignaient point ces sortes d'offrandes qui restaient leur bénéfice; cette circonstance doit nous faire présumer que la chair de cet animal était en honneur sur les bords du Nil. Mais nous ignorons si le foie était déjà considéré comme un mets privilégié , quels étaient pour ces antiques gourmets les meilleurs morceaux, et en dehors du rôtissage qui est une méthode presque aussi ancienne que le monde , quels étaient les différents accommodages auxquels elle était soumise.

Chez les Grecs cet oiseau n'était point dédaigné, il était généralement mangé rôti; mais déjà ils avaient donné la suprématie au foie sur le reste de l'animal ; ils le servaient frit, enveloppé dans la membrane nommée vulgairement coiffe, et qu'en anatomie on nomme péritoine. C'est au sujet de cette enveloppe qu'une célèbre courtisane d'Athènes étant invitée à un festin, on plaça devant chaque convive et devant elle un foie d'oie ; mais quelle fut sa surprise en ouvrant l'enveloppe, de n'y trouver qu'un morceau de poumon. Aussi à cette vue, s'écria-t-elle aussitôt, je suis perdue ! cette maudite robe m'a trompée et me fait mourir.

Horace, dans sa satire de Masidienus qu'il représente comme un homme riche et très-avare, dit que voulant régaler Mécénas, il lui fit servir un plat de foie d'oie blanche qu'on avait nourrie avec des figues fraîches. Sans nier qu'on ait ajouté au régime de cet oiseau des figues comme aliment d'extra, il est très-probable qu'il ne fut point privé des graines qui jouaient le plus grand rôle pour engraisser les volailles.

Les Grecs et les Romains, qui sont nos premiers maîtres dans l'art culinaire, estimèrent les foies d'oies et surtout de celles à plumage blanc. Aussi Pline nous dit Lib. IX, ch. 20 : *Nostri sapientiores, qui eos jecoris bonitate novere, fartilibus in magnam amplitudinem crescit ; exemptum quoque lacte mulso augetur.*

En dehors de l'oie mangée rôtie et de son foie frit entouré de sa membrane, nous ignorons les autres apprêts qui ont pu être en usage.

Chez les Grecs le canard domestique fut en honneur sur les tables

Ceux de Béotie avaient une grande renommée, l'usage de leur chair entrait même dans les principes de l'hygiène. Le médecin Archigénès considérait parmi toutes les viandes la chair du canard domestique comme étant celle qui convient le mieux à l'estomac. Caton se range de son avis, et Plutarque partageait cette opinion ; car il en faisait manger à tous ceux de sa famille lorsqu'ils étaient malades ; il se vante même d'avoir maintenu en parfaite santé sa famille, ses domestiques et lui-même, en faisant usage de la chair de canard.

L'histoire rapporte que Mithridate avait la plus grande confiance dans cet aliment et qu'il en faisait mêler dans tous ses mets comme un préservatif contre le poison.

Chez les Romains, le canard domestique fut moins recherché qu'en Grèce, privé qu'il était de toute illustration historique, c'était le sauvage qui avait la préférence ; nous savons qu'à Rome et à Athènes on le servait rôti ; mais nous ignorons quels furent les autres modes d'apprêts que les cuisiniers lui firent subir.

Martial ch. XIII, 52, nous apprend qu'on ne mangeait que la poitrine et le cerveau : *Tota quidem ponatur anas, sed pectore tantum, Et cervice sapit : cœtera redde coquo.*

Nous comprenons que les aiguillettes qu'on lève sur les deux côtés de la poitrine constituent le meilleur morceau du canard, mais aujourd'hui nous sommes moins prodigues que les anciens, nous mangeons toutes les chairs de l'animal tout en préférant les muscles pectoraux ; quant au cerveau, il doit avoir la même saveur que ceux des autres volatiles. La coutume nouvelle a proscrit la présentation de la tête rôtie, elle n'apparaît jamais sur nos tables qu'à l'état naturel, revêtue de son beau plumage comme témoin du sexe et de l'individu qui figure au festin. De même que les anciens Romains, nous apprécions le canard sauvage, mais nous ne dédaignons point le domestique.

D'après ce que nous venons dire on voit que ces deux palmipèdes étaient élevés dans les basses-cours des anciens, qu'il y avait quelques différences dans le choix, que l'usage le plus généralement adopté pour les faire cuire était la broche, que le foie de l'oie était déjà en haute estime, et que nous n'avons que des données très-incertaines sur les autres modes culinaires employés autres que ceux que nous avons cités.

Arrivons aux méthodes culinaires modernes, nous ne nous occuperons pas de celles qui sont adoptées en Pologne, en Russie, en Hongrie, dans la Crimée et dans une grande partie de la Turquie où ces oiseaux domestiques sont élevés en grand nombre et sont une ressource dans ces contrées parcourues par de grands fleuves et possédant des lacs et d'immenses marais qui sont pour eux des lieux privilégiés. Nous nous bornerons à indiquer les différents modes qui sont adoptés en France.

La méthode la plus usitée pour l'oie est la broche ; bien rôtie, elle est plus savoureuse ; faute de tourne-broche on se sert du four, ou de ce qu'on nomme à l'étouffée, vulgairement dans une cloche. L'oie est un morceau de prédilection pour nos hommes de rivière.

On la mange même bouillie ; cette méthode a peu de charme et son bouillon est au dessous du médiocre ; on la mange aussi en galantine, mais qui est loin d'approcher celle de la poularde et du dinde. Dans la Bresse elle est quelquefois accommodée en façon de murette et souvent en civet en Alsace. On la met aussi en daube et cette préparation est une des meilleures.

Dans le Languedoc et d'autres départements voisins où cet aliment est d'une grande ressource, outre les modes que nous venons d'indiquer, on en mange les quartiers tels qu'on les retire des vases où ils sont conservés d'une année à l'autre, déjà cuits, salés et noyés dans la graisse de l'animal, et préparés comme nous l'avons expliqué plus haut. Dans les campagnes où l'on en fait un usage presque journalier, on fait bouillir ces morceaux qu'on ajoute souvent à de la viande de boucherie ; ils ont le double avantage de servir tout à la fois de pitance et de faire un bouillon très-prisé par les habitants des campagnes ; ces morceaux d'oie sont aussi accommodés à la sauce piquante, en rémolade ou au roux avec la graisse dans laquelle ils sont conservés.

Dans les pays où l'oie est engraissée, le foie prend un grand développement et arrive à peser un demi kilo à un kilo, tandis que chez l'oie en liberté il ne pèse que de 30 à 60 grammes. En général dans l'Alsace le foie de l'oie grasse est consacré à figurer dans les pâtés, et dans les terrines où ils sont associés à la truffe et à un assortiment de viande hachée et aromatisée, le tout couvert par la graisse de l'animal.

Dans le Languedoc, au contraire, le foie d'oie n'entre que rarement dans leur terrine ; les pâtés ne sont presque que des exceptions, et le plus grand nombre des foies gras se consomment dans les ménages ; on les mange frits à la méthode des anciens, et plus souvent à la sauce piquante aux fines herbes, ou comme accessoires et en garniture dans certains ragoûts du pays.

Quant à la graisse d'oie, c'est une partie essentielle de l'animal ; partout elle est préférée à l'huile et au beurre qu'elle remplace dans les apprêts.

Pour le canard, les modes d'accommodages sont peut-être plus variés ; il apparaît plus souvent sur les tables de la classe élevée. Il est mangé rôti à la broche, au four, et sous la cloche ; dans la Bresse on le sert quelquefois bouilli et le potage qui en ressort ne vaut pas mieux que celui de l'oie ; il pourrait subir la daube ; mais on lui fait grâce comme pour la galantine. On l'apprête en murette, et quand il est jeune, sauté à la poèle, il n'est pas mauvais lorqu'on a appétit. On sert le caneton en crapaudine et en salmis.

Le canard dans sa croissance est souvent accommodé avec une sauce au navet, et dans le midi il est rare qu'on ne vous donne pas dans les hôtels le canard en sauce avec garniture d'olives et de truffes.

Dans le Languedoc on emploie les mêmes procédés

pour les conserves de canards que pour celles d'oies ; l'animal étant plus petit, la ressource est moindre, mais le genre d'apprêt est le même.

Dans ces contrées le foie du canard a le pas sur celui de l'oie, une partie est consommée dans les ménages particuliers ; mais dans les campagnes qui avoisinent les villes comme Toulouse, Nérac, Auch et autres, la plus grande partie est achetée par les traiteurs, qui les préparent à peu de chose près comme les foies d'oies à Strasbourg, tout en se bornant à les confectionner en terrines qui ont une renommée européenne.

Quant à la graisse du canard elle est assimilée à celle de l'oie et sert aux mêmes usages.

Des avantages que peuvent retirer les fermiers et les propriétaires qui font valoir, en engraissant des Oies et des Canards.

Il est reconnu que les fermiers et même les propriétaires qui vivent de leurs produits et de la vente de leur basse-cour, ont une prédilection pour les us et coutumes du lieu qu'ils habitent ; ils sont ancrés dans la vieille routine, et ne se décident à en sortir que lorsque de grands exemples sont donnés par un voisin, qui, en agissant de telle ou de telle manière, double ou triple le revenu d'une production qui, dans l'état habituel, ne donne qu'un médiocre bénéfice. Ici, nous n'avons point de voisin à offrir comme terme de comparaison, mais nous présenterons des calculs qui en tiendront lieu ; de prime abord ils seront révoqués en doute ; cependant nous espérons qu'il se présentera peut-être un fermier assez courageux pour tenter un essai qui sera couronné de succès. Sans en faire trop de part à ses voisins, il recommencera plus en grand l'année suivante ; le cultivateur, qui est observateur, se dira, il faut que ce procédé rende, car celui qui a commencé n'aurait pas continué sans cela ; essayons, engraissons quelques oies et quelques canards ; si nous y trouvons un profit, nous ferons la chose plus en grand. D'autres suivront ces exemples, et la coutume de gagner un peu plus d'argent est bientôt adoptée ; c'est ainsi que dans les provinces on se décide à abandonner de vieux usages pour les remplacer par un nouveau qui rapporte davantage.

Le calcul qui doit démontrer qu'il y a avantage réel à engraisser l'oie et le canard, est facile à faire ; supposons qu'un fermier ait à porter sur le marché 50 oies et autant de canards ; en bonne moyenne, il ne vendra pas aux marchands, qui y font un bénéfice, plus de 3 francs chaque oie et 1 franc 50 centimes le canard, il réalisera une somme de 225 francs.

Maintenant, avant d'arriver à la preuve qu'il existe pour le fermier un avantage réel à engraisser des oies et des canards, donnons quelques détails sur ce qui se passe en Alsace et dans le Languedoc. Il faut pour engraisser une oie en commune de 18 à 25 jours, et de 16 à 20 jours pour un canard.

L'oie consomme en maximum pendant cet espace de temps un double décalitre de maïs, qui, dans les années ordinaires, se vend de 2 francs à 2 francs 25 centimes ;

rarement il dépasse 3 francs. L'oie grasse en commune pèse de 7 à 8 kilogrammes, quelques-unes vont à 10 et 12.

En Languedoc où le foie n'a point une spécialité absolue comme en Alsace, l'oie grasse se vend sur le marché 85 à 90 centimes le demi-kilogramme; le foie séparé ne se vend, suivant la grosseur, que de 2 à 3 francs, tandis qu'à Strasbourg il se vend depuis 3 francs jusqu'à 6 et 8 francs, suivant la grosseur et la blancheur, car le foie de cet oiseau offre de grandes variétés pour le volume et la qualité. Leur foie en moyenne pèse 1/2 kilog. à 3/4. L'oie grasse fournit 2 kilogrammes à 2 et 1/2 de graisse. Le reste de l'animal, à Strasbourg, dépouillé de son foie et de sa graisse intérieure, pèse de 5 à 6 kilogrammes, qui pour le prix suit le cours de la viande de boucherie, et en général le dépasse de quelques centimes. Quant à la graisse, elle se vend toujours 10 à 15 centimes le 1/2 kilog. au-dessus du prix du beurre.

Pour les deux variétés de canards qu'on engraisse dans le Languedoc, le commun consomme environ un décalitre de maïs, et le mulet, 1 décalitre et 1/4. Le premier à l'état gras pèse de 4 à 5 kilogrammes et 1/2. Le second, de 5 à 6 kilogrammes.

Leur foie se vend de 3 à 5 francs; le reste de l'animal, dépouillé de sa graisse intérieure, se vend plus cher que la viande de boucherie, attendu qu'elle contient encore de la graisse dans les chairs, et qu'on la leur fait rendre en faisant la conserve habituelle du pays, si on ne les mange autrement.

La graisse de ces deux espèces de canards suit pour le prix le cours de celle de l'oie.

D'après ces renseignements que nous avons recueillis à des sources qui ne sont point trompeuses, plaçons-nous à Lyon, ville opulente, avec sa population de 300,000 âmes, et qui, dans un rayon de 20 à 30 lieues, compte plusieurs villes de second et de troisième ordre ; pense-t-on que les pâtissiers de ces grandes villes, si on leur fournit l'élément indispensable pour les pâtés et les terrines de foies gras, resteront en arrière pour cette innovation, qui nous affranchira d'être les tributaires de Strasbourg, de Toulouse, de Nérac, etc.? Pense-t-on que les Boinon, les Gelly, les Papillon, les Poulat, les Picotin, et tant d'autres pâtissiers renommés dans leur art, seront inhabiles à confectionner d'excellents pâtés de foies gras et de bonnes terrines? Pense-t-on que les truffes du Périgord et celles de la vallée du Rhône, que nous avons sous la main, auront moins de parfum à Lyon qu'à Strasbourg et à Toulouse? Les éleveurs redoutent-ils de ne pas avoir le débit de leurs foies, et les pâtissiers celui de leurs produits nouveaux? nous sommes loin d'avoir à redouter de pareilles craintes.

M. Mundel, pâtissier distingué de Strasbourg et qui est venu se fixer à Lyon, nous a inspiré l'idée de faire cette notice ; il nous a affirmé qu'il achèterait à de bons prix un très-grand nombre de foies gras, qu'il était obligé de les tirer de Strasbourg, qu'il les payait très-cher à raison du port, et qu'il lui était difficile de les voir arriver dans l'état de fraîcheur convenable pour la confection de ses pâtés, qu'il pourrait livrer ceux-ci à la consommation à un prix bien plus modéré que ceux qui arrivent de Strasbourg, ainsi que les terrines de Nérac, dont la fraîcheur laisse souvent beaucoup à désirer. Il nous a même assuré que, l'année dernière, il a été obligé de refuser d'importantes commissions pour l'Italie et pour d'autres pays, faute de pouvoir se procurer des foies.

Arrivons à prouver que, de cette industrie nouvelle, adoptée dans nos contrées, il résulte un bénéfice réel pour l'éleveur d'oies et de canards.

Prenons le chiffre de 225 francs établi plus haut, que produisent 50 oies et 50 canards vendus sur le marché, lorsqu'ils ont été élevés à l'état libre jusqu'à leur dernier jour, et examinons ce qu'ils produiront étant engraissés d'après les méthodes que nous avons signalées plus haut.

A l'état maigre, 50 oies produisent 150 francs. Le maïs pour chaque oie, à 2 francs 50 centimes le double-décalitre, donne en dépenses 125 francs; ajoutons 25 centimes par oie pour la femme qui aura le soin de les nourrir, ces sommes réunies forment celle de 287 francs 50 centimes.

Le bénéfice qui résultera de cette méthode sera le chiffre qui excèdera celui de 287 francs 50 centimes. En calculant le foie à 4 francs, la graisse à 3 francs et le reste de l'animal à 4 francs, nous aurons la somme de 11 francs par oie, qui donne un total de 550 francs; en en retranchant 287 francs 50 centimes, nous trouvons un excédant de 262 francs 50 centimes qui forme le bénéfice. Par ce procédé, vous triplez le prix de vente de l'oie à l'état maigre, et encore avons-nous porté au plus bas le prix des différents produits de l'animal, attendu qu'on nous a affirmé qu'une oie grasse, d'après sa taille et son embonpoint, se vendait de 12 à 18 francs dans les marchés.

Pour le canard commun, comme nous l'avons dit, arrivé à sa croissance, il se vend, en Languedoc, environ 1 franc 50 centimes en moyenne; 50 canards valent 75 francs; nous devons y ajouter le prix d'un décalitre de maïs à 1 franc 25 centimes, total 62 francs 50 centimes. Cette somme, réunie à celle de 75 francs, prix d'achat des canards, donne 137 francs 50 centimes pour arriver à les engraisser.

Le canard gras pèse 4 à 5 kilogrammes et demi; son foie, qui est très-estimé et recherché dans le Languedoc pour la confection des terrines, pèse environ de 300 grammes à un demi-kilogramme; en commune, il se vend 2 fr. 50 cent.; souvent il s'achète au prix de l'animal, lorsque les traiteurs sont pressés par les commandes. La graisse, en commune, est d'un demi à 1 kilogramme, qui se vend toujours 10 à 15 centimes de plus que le beurre. Le reste de l'animal dépasse le cours de la viande de boucherie de 15 à 20 centimes, pour le manger rôti, accommodé diversement ou mis en conserve comme l'oie.

Si pour 50 canards, nous additionnons le prix de chaque foie à 2 francs 50 centimes, celui de la graisse à 1 franc 50 centimes et le reste de l'animal à 2 francs, nous arrivons à une somme de 300 francs, dont il faut ôter 137 francs 50 centimes pour prix des canards maigres et du maïs pour les engraisser; il reste 162 francs 50 centimes; et si nous retranchons encore 25 centimes par canard pour le salaire de la personne qui est chargée de les engraisser, soit 12 fr. 50 centimes, la somme est réduite à 150 francs, qui forme le bénéfice retiré par ce mode d'aviculture. Il est, nous croyons, peu de commerces qui, dans l'espace de 20 jours rapportent deux capitaux pour un.

Nous laissons de côté les calculs qu'on peut établir sur le canard mulet, croisé du canard commun avec celui de Barbarie; le bénéfice est dans les mêmes proportions. Ces canards sont plus gros et par conséquent rendent davantage, et si les essais que peuvent faire les fermiers de la Bresse et du Forez sur le canard ordinaire leur réussissent, ils ne tarderont pas à exploiter cette race croisée.

La conclusion qui découle de ces calculs que nous avons faits, en dessous des moyennes qui nous ont été fournies, prouve qu'en procédant par ces méthodes, l'oie et le canard rendent à ceux qui les engraissent plus d'un capital et demi pour un, et souvent dépasse deux.

A une époque où la vie confortable rayonne des grandes villes dans les campagnes, où la viande de boucherie devient un aliment de première nécessité, où sa cherté augmente graduellement, n'est-il pas utile de chercher à la remplacer par la chair d'animaux accessoires aux races de nos quadrupèdes domestiques; la chair de l'oie et du canard est un aliment sain dont se contenteront facilement les habitants de nos campagnes. Pourquoi, après avoir vendu les foies de leurs oies et de leurs canards qu'ils ont pris soin d'engraisser, n'emprunteraient-ils pas la méthode du Languedoc? ils auraient pour leur consommation annuelle de la viande pour leurs repas et de la graisse pour l'accommodage de leurs légumes; mais pour les amener dans cette voie, il faut des exemples qui leur soient donnés par des hommes intelligents et qui professent les vertus humanitaires; c'est à M. Laguay, maire de Rochetaillée, fermier général de belles terres dans le cœur de la Bresse, c'est à M. Thevenet, grand propriétaire, c'est à M. Turland, fermier de la terre de M. Lasausse, à Sandrans, où les berges de ses étangs sont couvertes d'oies et de canards, qu'il appartient de tenter les premiers essais. Le succès de leurs tentatives ne tardera pas à en faire naître d'autres qui donneront à cette contrée de nouvelles ressources pour le bien-être de ses habitants, et pour la meilleure vente de ces oiseaux domestiques.

Si nous sommes sorti de nos études ordinaires pour conseiller cette innovation dans la Bresse et le Forez, c'est que nous restons convaincu des avantages nombreux qu'elle procurerait à ces deux contrées ; non-seulement elle ferait tirer un très-grand parti de ces oiseaux à l'état gras, mais elle les ferait vendre plus cher à l'état maigre arrivés à leur croissance, à tous ceux qui n'ayant ni la terre ni les eaux nécessaires pour les élever chez eux, les achèteraient pour les engraisser et faire leurs provisions annuelles comme le font de nombreux habitants du Languedoc.

D'autre part cette innovation créerait une nouvelle industrie pour les pâtissiers de Lyon, de St-Etienne, Montbrison, Roanne, Mâcon, Châlon, Bourg, Vienne, Valence et d'autres petites villes qui sont admirablement placées pour se procurer d'excellentes truffes et pour l'écoulement de leurs pâtés et terrines. Loin d'être tributaires des départements du Bas-Rhin et du Languedoc, nos pâtissiers pourraient non-seulement suffire à la consommation de nos contrées, mais encore exporter avec fruit à l'étranger ; il ne leur manque que des foies pour arriver à ce but. Nous sommes dans le siècle de la concurrence pour toutes les branches de l'industrie; il nous est permis d'entrer dans la lice qui est ouverte à tous les esprits intelligents. Cette branche de commerce, avec le luxe de la table qui grandit chaque jour, est d'une importance plus grande qu'on ne se le figure. Quelques-uns des pâtissiers de Strasbourg font pour 3 à 400,000 francs d'affaires en pâtés; ce commerce, dans cette ville s'élève de 1,500,000 à 2 millions de francs par an; plusieurs ne travaillent que d'octobre à la fin de mars et roulent carrosse pendant le reste de l'année. Les traiteurs de Toulouse, de Nérac et d'autres endroits font également de belles fortunes. Nous ne pensons pas que si la Bresse et le Forez mettent du zèle à fournir des foies gras à nos pâtissiers, ceux-ci renoncent à imiter leurs collègues d'Alsace et du Languedoc et qu'ils ne deviennent d'heureux rivaux ; quant aux éleveurs, ils y trouveront un profit assuré, et les consommateurs résidants, un avantage.

Dans cette notice, nous n'avons parlé que de la Bresse et du Forez, mais il existe beaucoup d'autres contrées en France où cette industrie pourrait s'établir.

RÉSUMÉ.

Si la méthode que nous conseillons offre les mêmes avantages dans nos contrées que ceux qu'en retirent l'Alsace et le Languedoc, résultats dont nous restons convaincu, les moyens sont des plus simples, quelle que soit celle des méthodes qu'on choisisse pour engraisser ces animaux.

Elles diffèrent peu entr'elles : à Strasbourg l'oie est mise en cage, dans tout le Languedoc on se contente de les interner dans une petite pièce calme et obscure.

Dans le premier lieu, pour les emboquer on les enveloppe d'un linge, et le bec entr'ouvert, le grain de maïs y est introduit avec la main seulement ; dans le second, la mère nourricière s'agenouille, place l'oie et le canard entre ses cuisses et les emboque au moyen d'un entonnoir, voyez les détails de ces deux méthodes, pag. 13 et pag. 19.

Dans le premier pays, l'oie s'engraisse au bout de 18 à 25 jours, dans le second de 20 à 25 ; dans l'un et l'autre pays, cette industrie commence fin octobre et dure jusqu'au milieu de mars; elle triple presque le prix de vente de ces animaux arrivés à l'état gras.

Le débit de leur foie, de leur graisse et de leur chair est assuré sur les marchés, et l'éleveur n'en trouvât-il pas tout le débouché, il s'assure une ressource des plus importantes pour les besoins de son ménage

Nous savons que cette année est des moins favorables pour l'introduction de cette industrie, le prix du maïs, élément indispensable, ayant presque doublé de valeur ; mais malgré cette hausse, les fermiers qui tenteront ce premier essai y trouveront encore un avantage plus que double pour la vente de l'oie grasse, sur celle de l'oie et du canard vendus suivant le mode adopté dans nos pays.

Un fait qui doit encourager ceux qui tenteront cette expérience, c'est que M. Mundel, pâtissier, demeurant quai d'Orléans est venu implanter à Lyon la confection des pâtés de foie gras; que, craignant d'en manquer ou de ne pas les recevoir assez frais de Strasbourg, il vient de faire établir à Lyon même, des cages pour engraisser un certain nombre d'oies, et que ses premiers essais ont réussi. Cet industriel, qui en fait une grande consommation et qui achèterait ceux qui lui seraient apportés de la Bresse et du Forez, ne se livrerait pas à cette industrie qui est en dehors de la sienne, s'il en retirait de nos environs et s'il ne trouvait un avantage certain à engraisser lui-même un certain nombre d'oies.

Si nous insistons sur cette innovation, c'est par l'intérêt que nous portons à des habitants qui ont besoin d'accroître leurs ressources sous tous les rapports, et que nous avons l'espérance, en mettant au jour cette publication, de rendre un service réel aux pays où l'oie et le canard forment une partie du revenu, quel que soit le nombre qui puisse être élevé dans une ferme.

Ces deux contrées possèdent tous les éléments nécessaires à cette opération, le maïs, le gruau, et toutes les céréales qu'on peut employer.

Pense-t-on que les pâtissiers de Lyon, de St-Etienne, de Bourg et de Mâcon, ne puissent arriver à composer des pâtés semblables à ceux de Strasbourg, d'Auch et de Toulouse? évidemment non, du moment où ils auront la matière fondamentale à leur disposition, ils pourront entrer en lice et rivaliser avec honneur.

Nous ne pensons pas que la truffe, arrivant à Strasbourg, prenne un nouveau parfum; ils la tirent de nos contrées voisines et plus rarement du Périgord, et nous en sommes plus rapprochés; nous possédons donc tous les éléments nécessaires pour faire aussi bien qu'eux.

Arrivons à prouver quels sont les avantages de cette innovation pour les propriétaires et les fermiers.

L'oie se vend sur nos marchés de 2 à 3 francs, et le canard, de 1 franc 25 centimes à 1 franc 35 centimes le plus ordinairement; le fermier n'en retire point ce prix, attendu que les pourvoyeurs qui les apportent dans les villes, y font un bénéfice, et que les revendeurs y prennent encore le leur. Admettons ces prix et nous jugerons s'il y a bénéfice à copier la méthode strasbourgeoise et toulousaine.

A Strasbourg les foies gras se vendent de 3 à 6 francs et quelquefois 8 francs, suivant la grosseur; le corps de l'animal reste, et son embonpoint n'est pas, nous le pensons, susceptible de nuire à sa vente. En résumé, l'oie grasse rend en commune de 11 à 13 francs.

Dans le département du Gers et d'autres voisins, le foie se vend aussi à part, l'animal est dépécé, et les morceaux sont placés dans des conserves pour servir aux besoins du ménage. Les canards y ont le même sort ; les foies se vendent à part presque aussi cher que leur corps. Ces deux animaux à l'état gras produisent également un revenu triple qu'à l'état maigre.

En partant de ces données, nous ferons remarquer que les foies gras se vendent à part souvent à un prix plus élevé que l'animal entier à l'état maigre, et que le corps de ce dernier reste en bénéfice.

D'où nous pouvons conclure qu'il est probable que les Bressans comme les Forésiens seront assez disposés à vendre leurs oies 10 à 13 fr. au lieu de 3 et 4 fr., et le canard de 5 à 6 fr. au lieu de 1 fr. 50 centimes à 2 francs.

Pour chercher à nous faire comprendre des habitants de la campagne, nous avons été obligé de nous soumettre à de nombreuses répétitions dans cette notice ; notre but est d'inculquer dans leur esprit les choses les plus essentielles d'une méthode qui leur est inconnue et de leur montrer le rendement de ces produits, afin de les encourager à mettre en usage ces procédés.

FIN.

DE LA MORT APPARENTE

ET

DES MOYENS DE LA RECONNAITRE

DE LA

MORT APPARENTE

ET DES

MOYEN DE LA RECONNAITRE

PAR

le Dr Paul LEVASSEUR

Médecin en chef à l'Hôtel-Dieu de Rouen

CHIRURGIEN DES ASILES D'ALIÉNÉS DE LA SEINE-INFÉRIEURE

MEMBRE DU CONSEIL D'HYGIÈNE DU DÉPARTEMENT, ETC.

Deux Mémoires couronnés par l'Académie de Médecine de Paris.

4me ÉDITION

ROUEN

IMPRIMERIE CH.-F. LAPIERRE

RUE SAINT-ÉTIENNE-DES-TONNELIERS, 1

1878

DE LA MORT APPARENTE

ET DES

MOYENS DE LA RECONNAITRE

Cor primum vivens et ultimum moriens.
HALLER.

La médecine, comme toutes les sciences, nous met fréquemment en présence de phénomènes que nous ne pouvons pénétrer complétement. Souvent, en effet, la nature intime des choses se dérobe à nos investigations et nous arrête; de même, dans l'étude des faits, la cause prochaine nous échappe facilement et entrave nos recherches. Quand nous sommes ainsi limités, à défaut d'explications satisfaisantes, nos efforts doivent tendre avec plus d'ardeur, si cela est possible, à préciser les caractères qui constituent ces faits et les signes qui les différencient, de manière à les distinguer toujours avec sûreté.

Parmi ces phénomènes inexpliqués en médecine se placent au premier rang ceux qui ont été décrits sous les noms de Catalepsie, de Léthargie, de sommeil Métamorphique..., etc..., dont les observations jouent le rôle principal dans ces étranges récits de mort apparente qui se sont transmis jusqu'à nous.

Il ne faut pas croire que ces observations aient été le privilége unique des temps anciens; notre époque elle-même a fourni les siennes, et ce ne sont pas les moins étonnantes. Loin de moi la pensée de réveiller à propos d'elles les discussions et surtout les préoccupations d'un autre âge; mon but est tout autre en abordant cette question. Sans en faire l'historique, je dirai seulement qu'elle a donné lieu aux interprétations les plus différentes et aux jugements les plus opposés. Les uns croyaient voir partout des cas de mort apparente méconnue, les autres n'en voulaient voir nulle part. Les premiers prétendaient qu'il était impossible de distinguer la mort apparente de la mort réelle; les seconds, qui d'ordinaire protestaient contre les faits signalés, affirmaient qu'il était toujours facile de les reconnaître. De part et d'autre, l'exagération a été la même. Ces divergences et ces exagérations ont eu pour résultat unique d'entretenir le doute et les inquiétudes dans toutes les imaginations. La conséquence était inévitable ; on ne fait pas disparaître un épouvantail en mettant un mythe à sa place : le fantôme, si fantôme il y a, se dresse toujours devant les yeux tant que l'explication des faits en cause n'a pas été donnée ou que la preuve qui les juge n'a pas été établie.

Que les cas de mort apparente soient infiniment rares, je le reconnais volontiers; que les moyens de diagnostic récemment indiqués aient une valeur réelle, je l'admets encore; toutefois la pratique médicale nous offre assez souvent des états morbides qui en démontrent la possibilité; de plus, tout en reconnaissant l'importance des procédés modernes à l'endroit du diagnostic, je dois dire que les convictions ne sont pas unanimes quant aux moyens conseillés pour arriver à une constatation exacte. Le doute si peu fondé qu'il soit persiste sur ce point : c'est à ce doute que je réponds en publiant ce mémoire.

Pour moi, je suis convaincu que les faits qui appartiennent à la vie peuvent être toujours reconnus, et sûrement distingués de ceux qui sont du domaine de la mort; j'ai cherché à le démontrer à l'aide d'une expérience très-simple et très-facile à reproduire. Si, comme je le crois, la preuve matérielle certaine peut être ainsi établie, si je parviens à compléter la lumière sur ce point important, je n'aurai pas entrepris une œuvre inutile; la science fera le reste.

De tous les états pathologiques capables de simuler la mort, la Catalepsie est assurément celui qui se produit le plus souvent et qui mérite de fixer surtout l'attention. A côté d'elle, sinon avant elle, se place la Léthargie qui, si l'on en juge par les descriptions, n'est qu'une nuance de celle-ci, l'une et l'autre n'étant probablement qu'une expression fort peu différente d'une même situation morbide. Quoi qu'il en soit, cette névrose (si on peut l'appeler ainsi) se présente quelquefois dans des conditions telles, par l'affaiblissement considérable qu'elle détermine du côté des manifestations vitales, que la persistance de la vie échapperait facilement aux regards d'un observateur inexpérimenté ou peu attentif ; on en jugera par les observations qui suivent. Dans les recherches qu'elles m'ont amené à faire, je ne me suis point proposé d'écrire l'histoire médicale de la Catalepsie. Qu'elle soit une maladie essentielle ou seulement un symptôme; qu'elle constitue une entité morbide ou qu'elle marque simplement une période dans l'évolution de quelques affections des centres nerveux, peu importe. Je laisse à des observateurs plus autorisés le soin de nous renseigner sur ce chef. M. J. Falret, qui a publié un travail fort remarquable sur cette matière, nous éclairera beaucoup mieux que je ne saurais le faire. Pour moi, je ne prends la Catalepsie que par un de ses côtés, celui qui tient à la mort apparente. Je la rapproche à dessein de ces états mal définis dans la science, et qui, dans certaines circonstances, nous offrent avec la mort réelle une similitude d'aspect capable d'en imposer. L'expression finale étant la même, le rapprochement des faits me paraît justifié au point de vue du diagnostic.

Les troubles fonctionnels se rattachant à la Catalepsie sont loin d'être absolus ; ils varient pour ainsi dire suivant les individus atteints. Les phénomènes qui caractérisent ou accompagnent cet état se rencontrent le plus souvent isolés. Il en est de la Catalepsie comme de toutes les névroses : elle peut varier depuis le dérangement le plus insignifiant jusqu'au bouleversement le plus complet de toutes les fonctions de l'organisme. Ces rapides considérations préliminaires étaient nécessaires pour l'intelligence des faits qu'on va lire :

OBSERVATION DE CATALEPSIE.

(Novembre 1863.)

L. B..., jeune fille de dix-huit ans, forte et plethorique, avait depuis plusieurs années de violentes crises d'hystérie, quand ses accidents se modifièrent tout à coup, sans cause appréciable ; depuis plusieurs mois, ils ont pris un caractère spécial : aux spasmes, aux convulsions ont succédé l'immobilité et une certaine raideur générale. Durant ses accès, elle devient tout à fait insensible. Des piqûres profondes amènent quelques phénomènes de contractilité, peu marqués toutefois.

On peut donner alors à ses membres toute espèce d'attitudes et elle les garde pendant un certain temps; cependant, au bout de quelques minutes, les lois de la pesanteur l'emportent et elle revient peu à peu à la position horizontale. Du côté des grandes fonctions il n'y a rien de particulier à noter; la respiration, la circulation du sang se font d'une manière très-sensible : elles paraissent plutôt exagérées que ralenties... Il s'agit bien, dans l'espèce, d'un état cataleptique ; mais il est loin de présenter la plénitude des accidents qui peuvent en faire une situation grave, tout à fait comparable à la mort réelle.

La malade, dont je viens de rapporter en quelques mots l'observation, ne percevait aucune espèce de sensation ; après la crise, il ne restait chez elle aucun souvenir. Cette névrose se produit quelquefois dans des conditions beaucoup plus étonnantes :

J'ai eu l'occasion de voir tout récemment à l'hôpital Necker, dans le service d'un brillant professeur de la Faculté, M. Lassègue, deux cas fort curieux, dans lesquels la Catalepsie présentait les particularités les plus remarquables.

La première observation porte sur un homme de quarante-cinq ans environ, chez lequel la sensibilité, la motilité et l'intelligence n'offrent pas de troubles considérables dans les conditions ordinaires. Toutefois on doit dire que l'organisme est entaché d'alcoolisme. Les crises de ce malade sont des plus bizarres : on peut même les provoquer à volonté. Il suffit de placer la main sur les yeux du sujet pour qu'aussitôt il tombe comme foudroyé. La sensibilité générale disparaît alors complètement : la motilité se trouve modifiée du même coup, mais d'une façon toute particulière : les mouvements volontaires sont abolis, cependant l'idée des mouvements persite : la possibilité de se mouvoir n'existe plus, mais on peut faire prendre au malade toutes les poses imaginables, et, comme les cataleptiques proprement dits, il conserve la position qu'on lui a donnée. Chose étrange! Cet homme, frappé de déchéance sous le rapport de la sensibilité et du mouvement, reste par l'intelligence en rapport avec le monde extérieur. Il ne sent pas, il ne peut se mouvoir, mais il entend et répond avec précision aux questions qu'on lui adresse; il suit aisément les idées des autres. Si on lui commande un mouvement, il accuse la volonté de le faire, il croit même l'avoir exécuté, du moins il le prétend. L'absence totale de la sensibilité, la disposition cataleptique très-marquée des membres et du tronc ne permettent pas de penser à la simulation. Après l'accès, il ne reste rien dans le souvenir du malade : il semble que les idées qu'il traduit pendant la crise lui soient communiquées, absolument comme les positions qu'on imprime à ses membres, et qu'elles doivent disparaître comme celles-ci quand vient à cesser l'intervention de l'expérimentateur.

La seconde observation concerne une hystérique dont les accès présentent des caractères plus prodigieux encore. La disparition de la sensibilité est complète ; il en serait de même de la motilité si les bras n'offraient cette particularité vraiment inexplicable d'être en proie à la Catalepsie, alors que tout le reste du corps est inerte. Comme le malade précédent, elle reste intellectuellement en relation avec ceux qui l'entourent. Si on la frappe légèrement, elle perçoit le bruit et le rapporte à une cause éloignée d'elle. On peut la jeter brusquement à droite ou à gauche sans que sa physionomie traduise une émotion quelconque. Quand on l'abandonne à elle-même, elle s'affaisse comme une masse au milieu du lit.

Ce sont là des phénomènes isolés qui se rattachent à la Catalepsie, mais ils ne donnent encore qu'une notion bien incomplète de cet état. Je n'ai consigné ces observations que pour leur en opposer une autre dans laquelle se trouvent, au contraire, nettement accusés tous les troubles qui sont le cortége de cette maladie. Voici ce fait :

QUATRIÈME OBSERVATION.

(Novembre 1862).

Mlle D..., dix-sept ans, a toujours été très-faible : pâle et blonde, elle présente tout l'aspect des tempéraments lymphatiques et nerveux. Depuis l'apparition des règles, c'est-à-dire depuis trois ans, elle est sujette à de violentes convulsions hystériformes. La menstruation ne s'est jamais établie d'une manière régulière : peu ou mal réglée, chaque époque menstruelle marque le retour des crises les plus pénibles. Depuis six mois, ses accidents ont une physionomie particulière : une surprise, une émotion les font éclater : elle tombe alors dans un abattement extrême. La nature des accès est on ne peut mieux caractérisée : *insensibilité générale, immobilité absolue, fixité du regard avec dilatation des pupilles, résolution complète de tout le corps, etc....* tout enfin se réunit chez cette malade pour constituer un état cataleptique complet. Le plus petit effort, le toucher suffisent pour la faire se soulever et prendre les poses les plus difficiles à garder, et elle demeure dans cette attitude pendant toute la durée de la crise, pendant une heure quelquefois. Ce qui frappe le plus, c'est l'aspect général du sujet qui est alors d'une pâleur extrême. La respiration et la circulation du sang se font d'une façon imperceptible et peuvent à peine être constatées : en effet, la faiblesse et le ralentissement de ces fonctions sont si considérables qu'il serait facile de les méconnaître. L'auscultation révèle à la vérité quelques battements, mais si éloignés et si peu distincts que l'oreille aurait difficile à les percevoir si l'esprit n'était tenu en éveil. Le facies surtout est bien composé pour tromper l'observateur. En considérant cette jeune fille malade, décolorée, immobile, on croirait bien plutôt avoir sous les yeux un cadavre qu'un sujet vivant : et l'on se demande, avec inquiétude, si une telle situation en se prolongeant ne pourrait pas induire en erreur. Et quelle erreur !

Voulant me rendre un compte exact de la situation, j'ai mis en pratique tous les moyens conseillés en pareille occurrence. Après un examen minutieux des faits et des preuves, j'avoue qu'il m'était resté une grande incertitude dans l'esprit. Je n'étais pas convaincu de la valeur absolue des procédés indiqués par les auteurs pour en établir le diagnostic. *Une contemplation attentive permettait seule de reconnaître la persistance de la vie, et il faut convenir qu'une méprise n'était pas impossible.*

Pour juger cet état, je fis une expérience à laquelle j'attachais une grande importance : j'appliquai des ventouses sur le creux de l'estomac : *les ampoules se dessinèrent sous les cloches avec une teinte légèrement rosée et un peu de sang, fourni par les mouchetures pratiquées, vint se coaguler dans la ventouse. J'indiquerai plus loin la valeur que comportait pour moi ce signe...*

Le fait rapporté ci-dessus m'avait vivement impressionné. Il m'a amené à étudier les observations du même genre qui ont été publiées antérieurement. L'une d'elles, fort remarquable comme fait et comme authenticité, est consignée dans la thèse du docteur Pfendler (1) qui la décrit sous le nom de *Léthargie*... Je la cite textuellement :

Mlle de M..., âgée de quinze ans, réglée, d'une santé parfaite, d'une bonne conformation, de tempérament sanguin, très-blanche, avec des couleurs fraîches et vermeilles, fut prise d'accidents le 13 décembre 1820, quatre mois après l'éruption des règles. Elle ressentit une céphalalgie intense accompagnée d'une grande irritabilité : peu de sommeil, convulsions générales sans écume à la bouche. Cinq ou six hommes ne pouvaient la contenir pendant ses accès. Au bout de trois semaines, la chorée se déclara : après elle survinrent la catalepsie

(1) *Thèse inaugurale.* — Paris 1833.

et un véritable tétanos : puis enfin la léthargie qui dura quatre jours et se répéta dix à douze fois. C'est en vain qu'on mit en usage les antispasmodiques et les calmants. Dans une dernière consultation donnée par les premiers médecins de Vienne, MM. Malfatti, Capellini, Schœffer, Franck, déclarèrent que la malade, épuisée sous le rapport des forces, ne laissait aucun espoir et n'avait que trois ou quatre jours à vivre.

Comme j'étais auprès de son lit (dit M. Pfendler), elle fait un mouvement, se lève, se jette sur moi, et retombe ensuite comme frappée par la mort. Pendant quatre heures. elle me parut complétement inanimée. Je fis avec MM. Franck et Schœffer tous les essais possibles pour allumer en elle une étincelle de vie. Ni miroir, ni plume brûlée, ni ammoniaque, ni piqûres ne réussirent à nous donner un signe de sensibilité : le galvanisme fut employé sans que la malade montrât quelque contractilité. M. Franck la crut morte en conseillant toutefois de la laisser sur le lit. Pendant vingt-huit heures, aucun changement ne survint ; on croyait déjà sentir un peu de putréfaction, je revins auprès de Mlle de M... ; la putréfaction n'était pas plus avancée qu'auparavant. Quel fut mon étonnement, ajoute M. Pfendler, quand je crus voir un léger mouvement de respiration. Je l'observai de nouveau et vis que je ne m'étais pas trompé. Aussitôt je pratiquai des frictions ; j'eus recours à des irritants et, après une heure et demie, la respiration augmenta. La malade ouvrit les yeux et, frappée de l'appareil funèbre qui l'entourait, revint à la connaissance, et me dit : « Je suis trop jeune pour mourir. » Tout cela fut suivi d'un sommeil de dix heures : la convalescence marcha rapidement, et cette jeune fille se trouva débarrassée de toutes ses indispositions nerveuses. Pendant sa crise, elle entendit tout ; elle rapporta quelques paroles latines prononcées par M. Franck. Son plus affreux tourment était d'entendre les préparatifs de mort sans pouvoir sortir de sa torpeur.

Cette observation a été reproduite par M. Raciborski dans son remarquable traité du diagnostic. Il ajoute à la suite sous forme de réserve : « Aujourd'hui, grâce à

« l'introduction de l'auscultation, il ne serait peut-être « pas aussi difficile de distinguer cet état de celui de la « mort réelle. Il est probable que, malgré la faiblesse « excessive des mouvements respiratoires, l'oreille pour- « rait encore saisir les bruits de la respiration et surtout « les bruits du cœur. »

Je ne sais si tout le monde partagera l'opinion de M. M. Raciborski ; pour mon compte, ma conviction est loin d'être entière.

Si je devais multiplier les citations, je n'aurais que l'embarras du choix. Parmi les renseignements qui m'ont été fournis de toutes parts, je possède une communication des plus intéressantes que je dois à l'obligeance d'un excellent ami, observateur aussi judicieux que réservé. Voici en quelques mots les faits qui s'y rattachent :

Une famille anglaise jouissait du triste privilége de la catalepsie ou de la léthargie ; tous ses membres en paraissaient héréditairement atteints. (L'hérédité n'est probablement pas là un phénomène exceptionnel : les névroses, en effet, nous offrent des exemples nombreux de transmissions de ce genre). Toujours est-il que plusieurs cas de léthargie furent successivement observés dans cette famille. Ce fut d'abord une vieille dame qui resta pendant quinze jours dans une immobilité et une insensibilité complètes, et qui, après quinze jours de mort apparente, recouvra la connaissance et continua de vivre pendant assez longtemps encore.

Avertis par ce fait, les parents conservèrent pendant plusieurs semaines un jeune homme qui, lui aussi, paraissait mort, et qui, au bout de ce temps, revint à la vie. Un membre de cette même famille, se croyant sous le coup des mêmes accidents, demandait instamment, pendant un assez long séjour qu'il fit en France, qu'on pratiquât sur lui une opération capable de faire cesser la vie s'il tombait jamais dans un état de mort apparente ou réelle, tant il redoutait d'être enseveli vivant. Il faut bien le reconnaître, ces craintes étaient quelque peu fondées.

Nous n'avons pas en France la latitude qu'on laisse en Angleterre ; nous n'avons pas de maisons mortuaires comme en Allemagne. Chez nous, les dispositions réglementaires sont trop rigoureuses : après vingt-quatre heures, l'inhumation doit se faire. Il serait assurément préférable de se hâter moins lorsqu'il s'agit d'une détermination aussi grave.

Je pourrais rapprocher de ces observations celles qui ont été publiées par Winslow. Elles ont été contestées pour la plupart, il est vrai, mais cela ne suffit pas ; la négation ne conduit jamais à la solution d'une question. Les recherches de M. Bouchut n'auraient rien perdu de leur importance s'il leur avait fait une part plus large. Je reviendrai sur ce point quand j'étudierai les moyens proposés pour reconnaître et juger ces états.

De nos jours, on a publié des observations non moins étonnantes. Celle que M. Blandet a communiquée à l'Académie des Sciences de Paris est la plus merveilleuse que je connaisse. Je la résume en quelques mots :

Une femme de trente ans environ, habituellement sujette à des accidents nerveux, tombait, durant ses crises, dans une espèce d'engourdissement général, que M. Blandet désigne sous le nom de sommeil métamorphique ; l'accès se prolongeait quelquefois pendant plusieurs semaines, voire même pendant plusieurs mois. Si l'on en croit le compte-rendu, la malade s'endormit au commencement de l'année 1862 et ne se réveilla complètement qu'en mars 1863. Je passe les détails de cette observation qui sont consignés dans les Mémoires de l'Académie des Sciences. (Séance du 17 octobre 1864.)

La dénomination de *sommeil* ne me paraît pas heureuse pour désigner un fait pathologique aussi grave. D'après M. Blandet, le sommeil est un état de vie ; ce serait même, suivant lui, le premier mode sous lequel la vie se manifeste. Je ne saurais adopter cette idée, empruntée d'ailleurs à Buffon. Je ne crois pas qu'une sorte de sommeil marque les phénomènes initiaux de la vie. Quand celle-ci se révèle au sein d'un organisme, elle ne dort pas ; elle se développe suivant des lois relatives à l'espèce et à l'individu. Dans ses développements, on ne saurait voir qu'une activité incessante qui marche constamment vers son but ; il n'y a là rien qui rappelle une forme quelconque de sommeil. — Quoiqu'il en soit, dans la question qui nous occupe, l'observation décrite par M. Blandet n'en a pas moins une importance considérable ; elle nous montre, la persistance de la vie dans des conditions que l'anatomie et la physiologie sont impuissantes à nous expliquer.

Ces descriptions sont bien étranges et bien incroyables tout d'abord. Toutefois, si l'on fait un simple retour sur les névroses, elles paraissent beaucoup moins extraordinaires. Ne voyons-nous pas tous les jours des accidents aussi bizarres dans leur nature que dans leur évolution, accidents que nous rattachons au système nerveux, alors qu'aucune lésion organique appréciable ne nous en donne la raison ? Ne rencontrons-nous pas très-souvent des troubles fonctionnels tout à fait inexplicables?... C'est tantôt la sensibilité générale qui fait défaut, tantôt la motilité, quelquefois l'une et l'autre de ces deux grandes fonctions. Dans d'autres circonstances, l'intelligence elle-même se voile, et, comme preuve absolue de son impuissance, il ne reste pas même le souvenir. L'organisme reste alors complètement sourd aux excitations extérieures, il ne réagit plus. La vie est encore là, mais la mort paraît l'envelopper de toutes parts. Je sais bien que le plus souvent ces accidents se produisent isolément; je sais bien que le plus ordinairement un coin du voile reste soulevé et permet de contempler la vie sous quelqu'un de ses aspects ; mais ce que chacun sait aussi, c'est que tous ces phénomènes peuvent se trouver réunis sur le même sujet, et, je le demande alors, qui pourra affirmer que la vie ne l'a pas abandonné !

En présence de ces faits, on est fondé à examiner les moyens de diagnostic qui ont été proposés pour les reconnaître ; on a le droit de les discuter, de les récuser même s'ils paraissent insuffisants... Ces moyens sont nombreux : dans l'ardeur de la discussion, on a mis à contribution tous les organes, tous les éléments presque.

Il serait trop long et d'ailleurs peu profitable de passer en revue tous les procédés qui ont été conseillés. Je dois pourtant signaler la description si complète et si exacte des phénomènes cadavériques que nous a laissée l'illustre Louis. Ce savant médecin avait pris à tâche de réfuter Bruhier et Winslow. Sous sa puissante analyse, tout devenait preuve alors que tout était matière à doute pour ses contradicteurs. Cependant la lumière n'a point jailli de cette discussion : le débat a été clos sans qu'une preuve matérielle capable de juger la situation ait été donnée. Il nous faut, pour ainsi dire, assister avec M. Louis à un travail de décomposition totale de l'organisme pour dire enfin que la mort a passé par là. Aujourd'hui, encore, beaucoup d'esprits sérieux n'admettent comme certaine que cette preuve tardive, et, pour quelques-uns, elle serait même insuffisante !...

Il est vrai jusqu'à un certain point, comme le prétend l'auteur que je viens de nommer, que la preuve de la vie ou de la mort (ce qui est tout un) est partout; et qu'elle peut à la rigueur être fournie par tous les éléments organiques. La mort comme la vie se trouve en effet partout, dès lors qu'elle est en possession de l'organisme ; mais combien d'éventualités peuvent modifier l'état de tel organe ou de tel tissu, même pendant la vie ! Il est inutile d'insister sur ses raisons pour voir combien serait défectueux un jugement qui s'établirait sur ces données partielles.

C'est surtout du côté des grandes fonctions de l'innervation et de la circulation du sang que les investigations ont été dirigées. Celles qui se rattachent au système nerveux *(les expériences fondées sur le galvanisme)* ne sauraient avoir qu'une importance secondaire. Nous avons vu plus haut combien sont variables les fonctions auxquelles préside le cerveau. Du reste, le système nerveux ne résume pas toute la puissance vitale, physiologiquement parlant, il n'en exprime qu'une des conditions, la plus importante si l'on veut, mais non pas la seule.

Les nerfs ne transmettent que des mouvements ; pour mouvoir nos organes, il faut qu'ils soient mus eux-mêmes, comme l'a démontré Bichat ; ce physiologiste, qui a pénétré si avant dans l'étude des phénomènes de la vie, a signalé avec raison l'impulsion donnée par le sang au cerveau. A chaque pulsation du cœur, le sang pénètre la masse cérébrale, la remplit, la distend, lui imprime un mouvement qui se répercute avec la vie dans toute l'économie ; la source de la vie organique est là tout entière.

Les recherches qui se sont adressées à la circulation

du sang ont une importance beaucoup plus considérable. La sensibilité, la motilité, l'intelligence elle-même, toutes les fonctions de la vie de relation, pour parler le langage de Bichat, peuvent être suspendues sans que la mort s'en suive, mais il n'en saurait être de même des actes de la vie organique. En effet, dans ces névroses qui portent une atteinte si profonde aux fonctions du premier ordre, l'observation attentive a toujours démontré la persistance des fonctions du second. La vie organique continue de se faire, et il n'en saurait être autrement; *la vie est nécessairement active : s'il y avait une interruption complète, ce serait la mort.* Les manifestations peuvent être aussi ralenties que possible : si elles persistent, la vie règne encore; si elles font défaut, la mort lui a succédé. Parmi les fonctions de la vie organique, il en est une qui domine toutes les autres ou plutôt qui les engendre toutes, « c'est la circulation du sang. » Le sang est, pour ainsi dire, la somme des organes, car il en renferme tous les éléments La circulation de ce fluide, dans un double mouvement de composition et de décomposition, représente toute la vie organique, car elle en reproduit tous les actes. Cela est si bien dans l'ordre général de la création qu'on ne conçoit pas la vie sans la circulation d'un liquide au sein de l'organisme. Dans tous les êtres vivants, la circulation est l'expression vitale par excellence. On comprend la vie sans système nerveux, comme cela a été démontré dans certains animaux inférieurs et dans les végétaux, mais on n'en saurait avoir l'idée sans la circulation. Les expériences physiologiques, l'observation clinique elle-même, nous prouvent tous les jours cette vérité.

Les anciens, bien qu'ils aient ignoré le mécanisme de

la circulation, l'avaient bien compris ainsi lorsqu'ils plaçaient l'âme humaine dans le sang. Le nom donné par eux à un ordre de vaisseaux (les artères) prouve assez leur ignorance ; toutefois cette erreur des anciens peut être mise à profit par nous. Si nos devanciers ont méconnu les fonctions qui sont assignées aux artères, ils nous ont appris par là comment se trouvent ces vaisseaux quand la mort les a envahis : « *Ils sont vides de sang fluide ; ils ne renferment plus que du serum et des caillots.* »

La description de la circulation a rendu un immense service à la science ; le célèbre Harvey, qui a eu le mérite de réunir les notions qui avaient cours à son époque, a immortalisé son nom en l'attachant à cette découverte. La circulation nous fait suivre, en quelque sorte pas à pas, molécule à molécule, la vie dans toute l'économie. Ainsi envisagée, la vie apparaît comme *une puissance* même dans l'ordre organique. Cette hypothèse est pour le moins ausssi satisfaisante que celle qui prend la vie à sa terminaison dans les molécules organiques, la cellule, si l'on veut, pour en faire en dernière analyse dans son épanouissement, dans son expression fonctionnelle la plus parfaite, *une résultante.* Quoi qu'il en soit, c'est grâce à la connaissance de la circulation du sang que Haller, plaçant la vie au centre du système circulatoire, a pu poser cet axiome : « *Cor primum vivens et ultimum moriens,* » et cet aphorisme n'a pas été ébranlé jusqu'ici.

Les physiologistes modernes, en nous faisant connaître l'état exact du sang pendant la vie et après la mort, nous fournissent encore de précieux renseignements qui peuvent nous servir grandement pour arriver à résoudre le problème de la mort apparente. Des analyses faites par M. Andral prouvent que le sang est plus diffluent dans les névroses que dans toutes les autres maladies. D'un autre côté les expériences de M. Donné ont établi que le sang après la mort se coagulait, se prenait en masse dans une sorte de contraction vitale suprême qui avait pour résultat d'amener, en partie du moins, le vide dans les vaisseaux. Ainsi se trouve scientifiquement expliquée l'erreur des anciens à propos des artères.

Après ce rapide exposé qui résume brièvement nos connaissances à l'endroit du sang et de la circulation, une conclusion se présente tout naturellement à l'esprit : on peut dire : « *Si la vie persiste dans l'organisme, il y a du sang liquide dans les vaisseaux.* »

Avant d'aller plus loin, je dois rendre un légitime hommage aux efforts de M. Bouchut qui a le plus fait pour la solution de cette question. Son traité des *Signes de la mort* est ce que nous possédons de plus complet. M. Bouchut, s'inspirant de l'axiome de Haller, a concentré ses recherches du côté du cœur. Il a bien étudié tous les autres signes, mais sans y attacher la même importance. Pour lui, comme pour l'Académie qui a couronné son travail, la preuve certaine, absolue, peut être tirée de l'auscultation de cet organe ; il l'a démontré par des observations nombreuses et par des expériences très-concluantes. D'après ses recherches, la vie ne saurait persister en l'absence prolongée des battements du cœur : *deux minutes, par exemple*. Je ne conteste point la valeur de cette proposition ; au fond, je suis parfaitement de l'avis de M. Bouchut, dont j'ai bien souvent reproduit les expériences. Ce n'est pas au procédé que je m'en prends, c'est à son application ; ce n'est pas à l'auteur que je m'adresse quand je dis que la conclusion tirée de l'auscultation peut être inexacte. Je suis très-convaincu qu'il ne s'y tromperait pas; mais, je le demande, tous les médecins sont-ils *(sous le rapport de l'exercice des sens)* parfaitement en mesure de prononcer comme lui? Assurément non. C'est uniquement pour cette raison que je déclare insuffisant le procédé de M. Bouchut et que je récuse la preuve fournie par ce moyen. Ce n'est pas un procédé pratique, vraiment à la portée de tous; par conséquent, il peut être dangereux s'il est employé par un homme inhabile ou impotent. Il ne faut pas croire d'ailleurs que ces constatations soient chose facile et simple. Tous les jours nous voyons des praticiens et des plus expérimentés, qui, dans ces cas, n'émettent leur avis qu'avec des restrictions, et ils font bien. Il suffit d'avoir suivi les mourants pour se rendre compte de l'obscurité que peut rencontrer le diagnostic : j'ai eu l'occasion de le voir plus d'une fois, même dans les conditions les plus ordinaires.

Déjà, à l'époque de mon internat dans les hôpitaux de Rouen, il y a vingt ans environ, cette question était le sujet de mes études. J'avais été frappé de la gravité des faits et de l'insuffisance des moyens de diagnostic en usage; je voulus en juger par moi-même. Dans ce but, j'assistais régulièrement aux derniers instants des malades qui m'étaient confiés; je suivais pas à pas leurs dernières manifestations vitales. Cent fois j'ai constaté la valeur du signe tiré de l'ausculation. Quand la respiration et la circulation du sang étaient complètement suspendues, quand la vie paraissait éteinte, j'auscultais longuement le cœur, et, en l'absence prolongée des battements de cet organe, je concluais avec M. Bouchut que la mort était là. D'ordinaire la séparation s'accusait nettement; cependant j'ai quelquefois constaté une lutte plus longue. Ainsi j'ai suivi dans ses derniers moments une jeune femme de vingt-deux ans, phthisique, qui succombait sous les étreintes d'une asphyxie progressive. Pendant trois heures ses efforts prolongèrent sa vie. A chaque instant la mort paraissait imminente, quand l'expulsion de quelques mucosités lui rendait avec de l'air un souffle de vie. Son intelligence qui persistait lui permettait de dire d'une voix éteinte : « J'étouffe, je vais mourir; » puis les forces l'abandonnèrent, elle se laissa tomber sur son lit, et, pendant plus d'une heure encore, sa poitrine qui se soulevait légèrement toutes les cinq ou six secondes et son cœur qui donnait, aux mêmes intervalles à peu près, un battement sourd, accusaient seuls la persistance de la vie, alors que cette femme paraissait inanimée.

J'ai également observé, dans les mêmes conditions, un enfant de cinq ans chez lequel cette résistance fut encore plus marquée. Dans une agonie de plusieurs heures, cet enfant qui mourait par épuisement nerveux, à la suite de convulsions épileptiformes, était tombé dans une immobilité générale avec insensibilité complète. Le refroidissement du corps, la décoloration de la peau lui donnaient l'aspect d'un cadavre; et pourtant, pendant plus de deux heures, un léger mouvement des lèvres, qui s'entrouvraient toutes les cinq ou six secondes pour respirer, dénotait encore la présence de la vie. L'auscultation de la poitrine ne révélait rien ; l'oreille appliquée sur le cœur percevait de loin en loin un léger frémissement, mais si faible que l'auscultation eût été vraiment incapable d'entraîner la conviction. La vie persista ainsi pendant quelque temps chez cet enfant; elle se traduisait chaque fois que les lèvres s'écartaient, par une lueur imperceptible qui éclairait son visage éteint. Je cherchai en vain à le ranimer. Je pratiquai, sans résultat aucun, la respiration artificielle, etc.; rien ne fit. L'enfant s'éteignit insensiblement. Il aurait été vraiment bien difficile, avec les ressources stéthoscopiques seules, de tracer la ligne de démarcation, c'est-à-dire d'indiquer où avait fini la vie et où avait commencé la mort.

Tous ceux qui ont étudié les mourants ont pu voir comme moi que, dans quelques cas, la vie persiste contre toute apparence, se révélant quelquefois pendant plusieurs heures par quelques battements ultimes de cœur et par quelques suprêmes efforts de respiration.

C'est sous l'influence de ces idées que je fus amené à chercher un autre moyen de diagnostic.

En m'appuyant sur les données scientifiques qui nous renseignent sur la circulation et sur le sang lui-même, j'ai cherché à établir, au moyen d'une expérience physique, que la circulation de ce liquide avait cessé ou continuait de se faire dans les vaisseaux, suivant que la vie elle-même résidait encore dans l'organisme ou l'avait abandonné. Pour arriver à cette démonstration, l'ouverture d'une veine ne pouvait me renseigner, car la pression atmosphérique suffit pour empêcher la sortie du sang quand l'impulsion du cœur est notablement affaiblie. Je ne pouvais songer à faire la section d'une artère à cause des accidents qu'entraîne la lésion de ces organes. C'est alors que je fus conduit à chercher la preuve dans les capillaires. Cette région de la circulation n'avait pas encore été explorée; pourtant elle en constitue la partie la plus importante. Ce réseau n'est pas seulement la terminaison de la circulation, il en est en quelque sorte la condition fondamentale : c'est dans ce système, en effet, que se consomment les grands actes de la vie organique « l'absortion et l'exhalation. » Le changement d'aspect de la peau après la mort dénote assez les modifications que les recherches des savants y ont démontrées et expliquées. La décoloration et l'absence complète de transparence qu'elle présente alors établissent surabondamment tout ce qui a été dit plus haut. La matité absolue de cet organe prouve que son élément constitutif a été profondément modifié.

Comme l'a indiqué M. Donné, le sang s'est retiré des capillaires ou s'est coagulé dans le système veineux de cet appareil. Déjà on a voulu, en réunissant ces deux signes, en faire la preuve certaine de la mort, mais ce moyen a été abandonné avec raison. Si précieux que soit le renseignement qu'il fournit, il n'en est pas moins vrai que le diagnostic de la vie ne peut pas s'établir sur le simple examen de la peau. Bien que les tons de sa coloration et de sa transparence ne disparaissent jamais complètement pendant la vie, ils peuvent être abaissés plus ou moins sous l'influence de mille causes qu'il n'est pas nécessaire d'indiquer ici, et l'œil s'y tromperait aisément. L'indication que donne la peau a une importance très-grande, mais il faut qu'elle soit démontrée, il faut qu'elle soit établie par une preuve non douteuse. C'est ce que j'ai cherché à faire. Chaque fois que j'observais des mourants, j'appliquais des ventouses sur une région centrale. J'avais choisi le creux de l'estomac pour siége de mes expériences. Tant que la vie persistait, j'obtenais par les mouchetures pratiquées du sang pur et coagulable ;

puis, quand les signes de la vie faisaient défaut, j'appliquais à nouveau mes ventouses, et tout aussitôt l'épreuve devenait négative : l'ampoule était décolorée, je n'avais plus de sang.

Dans quelques cas chez des sujets épuisés par une longue maladie, il s'écoulait à la place du sang une certaine quantité de sérosité ; *l'absence totale de coagulum* dans ce liquide ne faisait que confirmer la réalité de la mort (1).

Ces expériences que j'ai faites nombre de fois sur les mourants, je les ai reproduites sur les cataleptiques dont j'ai rapporté les observations en commençant. ***Chez les cataleptiques comme chez les mourants, elles m'ont constamment donné des résultats identiques....***

(1) En regard des expériences que j'ai faites sur les mourants, je me fais un plaisir de publier un résumé d'une observation des plus curieuses qui m'a été communiquée par un interne fort distingué de l'asile de Tours, M. Doutrebante. Je m'étais rendu dans cette ville pour voir un cas de catalepsie qui m'avait été annoncé; malheureusement j'arrivai trop tard, la malade venait de mourir. N'ayant pas été témoin du fait en question, je m'abstiendrai d'en parler. Toutefois, je suis heureux de pouvoir ici témoigner toute ma gratitude au savant directeur de l'Ecole de Médecine de Tours, M. le docteur Herpin, ainsi qu'à M. le professeur Denner. Je les remercie d'avoir bien voulu me donner des observations qui viennent à l'appui de mes recherches et de mes conclusions. Celle que je dois à M. Doutrebante me paraît ici à sa place : Je la résume en quelques mots :

Une malade de l'asile succombait sous l'influence d'une hypertrophie du cœur avec emphysème pulmonaire. M. Denner ayant prescrit des ventouses scarifiées, M. Doutrebante, son interne, vint procéder lui-même à leur application. La première et la seconde ventouse fournirent, par les incisions pratiquées sur la peau, du sang clair vermeil; une troisième posée tout aussitôt, malgré des incisions profondes, n'amena pas une goutte de sang à l'extérieur; une quatrième ventouse appliquée séance tenante, donna le même résultat négatif. Ne pouvant se rendre compte de ce changement subit, le chirurgien examina la malade et constata qu'elle était morte tout à coup dans le cours de son opération. Par le fait, M. Doutrebante avait à son insu vérifié l'exactitude de mes expériences : Son observation prouve, comme je l'ai établi, que tant que la vie persiste, le sang peut être amené au dehors à l'aide de la ventouse, et que la chose cesse d'avoir lieu à l'instant même de la mort.

On peut donc dire comme conclusion :

« La vie s'accuse par la présence de sang coagulable
« dans les capillaires; la *possibilité de l'extraire* de ces
« vaisseaux établit la *preuve de la vie* de la manière la
« plus absolue; la disposition contraire fournit avec non
« moins d'autorité la preuve certaine de la mort. »

On me demandera sans doute si la proposition que je formule ici peut s'appliquer à toutes les situations que comporte ce grave sujet. Je n'hésite pas à répondre par l'affirmative. Les différences d'ailleurs sont moins considérables qu'on le croirait tout d'abord. Tout le monde le sait, *la cause prochaine* de la mort ne se trouve que dans les centres cephalo-rachidiens ou dans l'appareil circulatoire sanguin. Dans le premier cas, les exemples de catalepsie et de léthargie que j'ai cités, suffisent à la démonstration. Ces névroses dominent tout le groupe pathologique placé sous la dépendance du système nerveux; aucune autre n'exprime plus complétement la possibilité de l'impuissance de cet agent. L'incertitude qui pouvait en résulter n'a plus de raison d'être aujourd'hui. Ainsi que je l'ai démontré par mes observations, la preuve s'établit facilement par l'examen du sang, quand les nerfs sont incapables de nous la fournir. Dans le second ordre de faits, et c'est le cas le plus ordinaire, la mort relève directement de la circulation; l'asphyxie progressive emporte les malades qui succombent ainsi. Or, les expériences que j'ai faites sur les mourants ne laissent aucun doute sur ce point. Tant que l'asphyxie est incomplète, le sang n'est pas coagulé dans les capillaires. Peu importe qu'elle s'établisse lentement, comme cela a lieu chez les agonisants, ou qu'elle survienne tout à coup pour ainsi dire, dans le cas de strangulation par exemple, l'effet est identiquement le même : il n'y a de différence que dans la durée. Le résultat est le même encore, si l'air qui est indispensable à l'entretien de la vie se trouve modifié par l'addition de gaz délétères, ou si un changement brusque place le sujet dans un milieu quelconque impropre à la respiration. Dans toutes ces circonstances, c'est l'asphyxie qui produit plus ou moins rapidement son œuvre, et dans tous les cas, une application de ventouses scarifiées en démontrant qu'il y a ou qu'il n'y a pas de sang liquide dans les vaisseaux dira d'une manière certaine si l'asphyxie est ou n'est pas complète, c'est-à-dire si la vie est ou n'est pas éteinte. Une seule situation me laissait du doute, c'est celle qui est propre aux cholériques au début de cette terrible maladie; je parle des cas graves qui foudroient les malades dans la période algide avant qu'aucune réaction se soit faite : la peau est froide cyanosée, poisseuse ; elle aurait pu sous l'influence d'une modification profonde du sang, ne plus se prêter à l'expérience en question. Eh bien ! là encore, des expérimentations répétées m'en ont démontré la parfaite exactitude : Tant que la vie persiste on obtient du sang à l'aide de la ventouse : De plus la stase de ce liquide dont le réseau cutané ne modifie pas davantage les résultats de l'expérience après la mort ; le vide que l'on pratique alors sous la cloche n'amène plus à l'extérieur que du serum qui ne saurait se coaguler et dont la présence vient affirmer la réalité de la mort.

Je ne crains donc pas de dire que ma proposition s'applique à tous les cas possibles de mort : J'ajoute qu'un fait général qui prend son origine dans la physiologie pure et qui trouve sa sanction dans l'expérience de chaque jour acquiert une importance considérable : La formule qui l'exprime n'est plus une simple proposition, elle s'élève à la hauteur d'une loi.

En résumé, nous avons cherché, M. Bouchut et moi, à établir la preuve du décès en puisant à la même source ; tous deux nous avons demandé cette preuve à la circulation du sang. Si le procédé qu'indique M. Bouchut est exact (et je le reconnais volontiers), celui que je propose a la même valeur et se vérifie d'une façon plus évidente. Dans l'auscultation, c'est l'oreille seule qui discerne ; si l'on y ajoute le témoignage des yeux, le jugement doit en acquérir plus de force. Le moyen signalé par M. Bouchut ne peut être employé que par des hommes spéciaux, instruits et dégagés de toute espèce d'influence. Je n'ai pas besoin d'insister encore sur ce point pour montrer combien il peut être difficile à réaliser, au moins d'une manière générale. Son procédé est purement *médical* et ne saurait être employé sûrement *que par certains médecins* ; celui que je propose, au contraire, et que j'appellerai *chirurgical*, par opposition, *est à la portée de chacun*. Son application ne souffre aucune difficulté et a pour lui l'avantage de fournir la preuve d'une manière sensible en la traduisant aux yeux de tous.

Dans les expériences et les recherches auxquelles j'ai dû me livrer, je me suis constamment appuyé sur les recherches et les expériences de mes devanciers. Leurs idées m'ont toujours guidé ; je me suis efforcé de m'avancer dans la voie par eux ouverte ; je désire que l'avenir complète le présent. En tout cas, j'ai cru qu'il était utile de publier ces observations, ne fut-ce que pour provoquer de nouvelles études. J'ai pensé qu'il était bon de signaler un moyen pratique qui me paraît capable de répondre aux légitimes préoccupations que le doute et l'ignorance laissent toujours dans les esprits. Mon but serait atteint, si le procédé que je viens de révéler pouvait faire justice des incertitudes en rendant facile et sûre la constatation des décès, et en affranchissant le médecin de la lourde responsabilité qui pèse sur ses décisions. Le plus souvent la mort n'est point constatée, parce que tout le monde est convaincu de l'insuffisance des moyens jusqu'alors indiqués. Le procédé nouveau que je propose, s'il était appliqué d'une manière générale, offrirait un double avantage : il apporterait une garantie dans l'application des règlements et deviendrait un gage de sécurité pour ceux que préoccupe, non sans quelque raison, l'épouvantable idée de la mort apparente.

APPENDICE

Depuis quelque temps, la presse a enregistré de nombreux faits de mort apparente. J'ai suivi avec une grande attention les descriptions qui en ont été données, et je suis convaincu que dans tous les cas signalés la Catalepsie était seule en cause. J'aurais donc pu les introduire dans ce mémoire; mais l'absence de renseignements suffisants ne m'a pas permis de le faire. Quand une question comporte une gravité exceptionnelle, on ne peut arguer que de faits bien observés; il faut parler *de visu* à moins que les observations citées n'aient un caractère scientifique incontestable. Ce n'est qu'en procédant avec cette réserve que l'on sert efficacement la cause que l'on défend. Que ceux qui auront l'avantage de rencontrer des faits de Catalepsie les étudient et les décrivent; je désire que leurs observations viennent à l'appui des miennes ou qu'elles ouvrent de nouveaux horizons pour le diagnostic. De cette façon, nous pourrons espérer une solution prochaine et un jugement définitif.

Parmi les dernières publications de ce genre figure une observation fort remarquable de Catalepsie, qui a été signalée à Nieulle-l'Espoir, dans l'arrondissement de Poitiers. La gravité du fait ressort assez de la méprise à laquelle elle a donné lieu, méprise qui a failli faire inhumer une femme encore vivante. Je possède, grâce à la parfaite obligeance de M. Gallard, desservant de la localité, les détails les plus précis sur les circonstances qui ont accompagné et suivi ce fait. L'observation a été consignée avec le plus grand soin; elle restera comme un enseignement pour l'avenir. La Catalepsie, dans ce cas, a duré trente-six heures, et ce n'est qu'au moment de l'ensevelissement qu'on s'est aperçu que la malade n'était pas morte. La malheureuse femme que cette névrose a failli déposer vivante au tombeau, a raconté tout ce qui avait été dit auprès d'elle au sujet de sa sépulture; après cette crise, elle a vécu plusieurs semaines encore... puis la mort est survenue. Bien qu'elle eût été officiellement constatée, l'inhumation n'a eu lieu que cinquante-deux heures après le décès. Les détails de cette observation ont été reproduits devant le Sénat, qui s'occupait alors de cette question à l'occasion d'une pétition que lui avait adressée M. de Corvol. (Le pétitionnaire signalait la possibilité de mort apparente et le danger des inhumations précipitées; il demandait que la loi qui régit cette matière fût révisée; enfin, il proposait comme moyen de diagnostic l'usage de l'électricité.)

Le cas de Catalepsie observé à Nieulle-l'Espoir arrivait fort à propos pour justifier les propositions de M. de Corvol; toutefois, la sollicitude éclairée du Sénat n'en avait pas besoin. Dans la discussion à laquelle elles ont donné naissance, plusieurs sénateurs, parmi lesquels Mgr le cardinal Donnet, M. Tourangin, M. Hubert-Delisle et M. le vicomte de Barral, ont appuyé les conclusions du pétitionnaire en leur prêtant l'autorité de leur parole (1).

Tout le monde se rappelle la profonde impression que fit sur l'auditoire la communication de S. Em. le Cardinal archevêque de Bordeaux : Mgr Donnet se trouvait être lui-même une preuve vivante de l'épouvantable conséquence que pourrait amener un fait de Catalepsie méconnue!.....

C'était plus qu'il n'en fallait pour emporter toutes les convictions; aussi l'Assemblée a-t-elle, sur la proposition de M. le vicomte de Barral, décidé le renvoi de la pétition à S. Exc le Ministre de l'intérieur.

Je n'ai pas à m'occuper du projet de M. de Corvol, qui voudrait que les décès fussent bien et dûment constatés; en cela, il a parfaitement raison : mais je ne pense pas que l'électricité puisse servir à cette fin, et je crois, du reste, l'avoir démontré suffisamment. Quand l'inertie organique n'est pas vaincue par l'immense effroi que doit ressentir celui qui assiste aux préparatifs de ses propres funérailles et qui comprend qu'il va être enterré vivant, il est bien impossible qu'un agent physique, si puissant qu'il soit, brise le charme affreux qui l'enserre de toutes parts. L'organisme pourrait être détruit pièce à pièce sans qu'un phénomène de sensibilité ou de contractilité, produit par l'action galvanique, vînt nous éclairer en nous traduisant un signe de vie.

Aujourd'hui, la question est de nouveau à l'étude ; je me fais un devoir de faire connaître des recherches qui s'y rapportent et de mettre au jour une méthode d'expérimentation que je crois irrécusable. J'aurais désiré que de nouvelles observations fussent venues confirmer les premières, qui paraîtront peut-être insuffisantes aux yeux des sceptiques, mais les faits de ce genre sont relativement rares, et, dans les circonstances présentes, il serait regrettable d'attendre plus longtemps. L'attention publique est fixée sur cette grave question ; la vigilance des hauts fonctionnaires de l'Etat est excitée par les inquiétudes qui se sont tout à coup manifestées dans ces derniers temps au sujet des inhumations précipitées : chacun doit coopérer de tout son pouvoir à la solution du problème et à la sécurité des esprits. — Telles sont les raisons qui m'ont déterminé à faire cette publication.

(1) Le compte-rendu de cette séance est encore dans tous les esprits et me dispense d'une reproduction.— Voir le *Moniteur* du 27 février 1866.

DE LA MORT APPARENTE

ET DES

MOYENS DE LA RECONNAITRE

(2me MÉMOIRE)

Dans le précédent mémoire, après une étude sérieuse de tout ce qui a trait à cette question, j'ai pu avancer que les faits de mort apparente étaient le plus ordinairement des faits de catalepsie. Pour se convaincre de cette vérité, il suffit de parcourir les observations qui ont été publiées, et l'on verra sans peine qu'elles se réfèrent toutes au groupe pathologique que, dans la science, on désigne sous ce nom. De plus j'ai démontré par des expériences comparées, que le maintien de la vie pouvait toujours être affirmé, dans la catalepsie, au moyen d'une épreuve physique, qui distingue sûrement celle-ci de la mort réelle. Enfin, j'ai prouvé par des expérimentations nombreuses, pratiquées aux limites extrêmes de la vie, que mon procédé était applicable dans tous les cas de mort, et devait lever toutes les appréhensions relatives à la mort apparente, s'il était employé d'une manière générale pour la constatation des décès :

Je dois rappeler ici mes conclusions ; j'ai dit, en me résumant :

« La possibilité d'amener du sang coagulable en de-
« hors des vaisseaux, établit la preuve matérielle cer-
« taine de la vie ; la disposition contraire révèle, avec
« non moins d'assurance, la présence de la mort. »

Je n'ai pas besoin d'insister pour justifier mes affirmations ; il me faudrait répéter tout ce que j'ai dit ailleurs pour faire voir que la science et les faits concourent à en établir toute l'exactitude ; scientifiquement elles sont irrécusables ; les observations que je me propose de publier en seront la confirmation expérimentale.

Pour tous, il est bien acquis aujourd'hui que la circulation du sang, dans l'organisme, représente la condition vitale par excellence ; et pour ceux qui se sont occupés spécialement de ces recherches, il n'est pas douteux que la circulation capillaire n'en soit l'expression la plus parfaite ; pour tous, il est bien avéré encore que les manifestations vitales peuvent s'abaisser au centre jusqu'à n'être plus appréciables avec nos moyens actuels de diagnostic, bien que l'économie reste en possession de la vie. Des expériences très-éloquentes ont prouvé même que la vie pouvait continuer de s'exercer en dehors de toute action du cœur. En effet, notre illustre physiologiste, M. Claude Bernard, a pu lier l'aorte et pratiquer l'ablation du cœur sur des grenouilles, sans amener instantanément la mort. Les animaux sacrifiés ne succombaient quelquefois que cinq ou six heures après l'opération. Evidemment, durant tout ce temps, la vie était entretenue chez eux par une activité nouvelle qui apportait au sang, dans les vaisseaux mêmes, des éléments réparateurs, puisque la voie normale n'existait plus. De ces expériences, pratiquées avec succès sur des batraciens, on ne peut pas inférer qu'il en sera de même chez les animaux supérieurs, et encore moins chez l'homme. Tout au contraire, les expériences que M. Claude Bernard a faites, à ce propos, dans la série animale, lui ont montré qu'on ne pouvait toucher au cœur des oiseaux, par exemple, sans déterminer la mort. On sait qu'il en est ainsi chez l'homme... Quoi qu'il en soit, il est permis de conclure de ces brillantes recherches que, dans certaines conditions pathologiques, la vie est susceptible de s'entretenir par des ressources autres que celles qui lui viennent, dans l'état normal, par le cœur et les poumons. La physiologie nous enseigne d'ailleurs que l'enveloppe tégumentaire, au point de vue des grandes fonctions vitales, a une action analogue à celle des poumons, et que, dans certains cas, l'hématose se fait en partie par la peau. Quand la vie est compromise par l'affaiblissement extrême de la circulation et de la respiration, la peau devient un auxiliaire puissant qui peut conserver la vie, pendant un temps donné, en procurant au sang des éléments de régénération par une sorte d'hématose générale qui a son siége dans les capillaires. Il n'y a là rien que de très-naturel ; il s'agit tout simplement d'un déplacement d'activité qui met en lumière les ressources de l'organisme. Tous les jours la même disposition s'observe pour les organes qui ont une action corrélative : chaque fois qu'un trouble grave envahit l'un d'eux, une puissance nouvelle s'empare de son congénère, et lui communique une activité fonctionnelle qu'il ne connaissait pas auparavant. Quand cela s'observe à tout instant, à propos des fonctions inférieures, il n'y a rien d'étonnant que le même phénomène se rencontre alors qu'il s'agit des fonctions de l'ordre le plus élevé, c'est-à-dire de la respiration et de la circulation, qui constituent les bases de la vie. La peau occupe, par le fait, un rang des plus élevés dans la production des phénomènes vitaux, puisqu'à un moment donné elle peut en être le dernier agent. Or, comme le cœur, elle nous doit son secret; l'expérience que j'ai proposée est destinée à nous le révéler. Les observations qui suivent, en confirmant celles que j'ai publiées antérieuremnet, le prouveront suffisamment.

Comme je l'ai dit déjà, la catalepsie, dans la plénitude de ses phénomènes, est excessivement rare; toutefois, j'ai été assez heureux pour en rencontrer tout récemment un cas très-remarquable, très-probant à l'endroit du diagnostic. Les faits ont été consignés par un de nos internes les plus distingués, M. Fauvel; je les résumerai aussi brièvement que possible.

La nommée B..., âgée de vingt-deux ans, d'une taille moyenne, d'un embonpoint ordinaire, mais lymphatique, entrée à l'Hôtel-Dieu de Rouen en janvier 1868, est atteinte de chloroanémie, avec trouble nerveux des plus bizarres; elle présente à l'observation les phénomènes suivants : accidents hystériques, caractérisés par des spasmes et des étouffements, sans convulsions toutefois; accès fréquents déterminant presque toujours la perte de la connaissance, et ne laissant aucune trace dans le souvenir; insensibilité de la peau, excepté vers le ventre et le rachis : l'anesthésie s'étend à la muqueuse des yeux et du pharynx; en fermant les paupières de la malade, ou seulement en tenant, pendant qeuelqus minutes, son regard fixé sur un objet, on provoque des attaques qui se traduisent par un assoupissement profond; il suffit quelquefois de lui imposer l'ordre de dormir, pour la faire tomber dans cet état. Durant ses crises, elle reste immobile, la face décolorée, les paupières closes. La respiration est si peu marquée, que les mouvements du thorax la révèlent à peine; les battements du cœur sont perceptibles pour une oreille exercée, mais ils sont remarquables aussi par leur faiblesse et leur lenteur. Son attitude et son facies surtout impressionnent si vivement les malades placées près d'elle, que parfois elles la croient réellement morte. Elle présente en effet l'aspect du cadavre, mais si on la soulève, elle suit aisément l'impulsion qu'on lui donne, prend les poses les plus impossibles, et les garde sans effort pendant tout le temps qu'on veut faire durer l'expérience.

« Dans une de nos séances, ajoute M. Fauvel, j'ai en-
« dormi la malade en présence de plusieurs de mes
« collègues ; quand l'état cataleptique a été complet,
« j'ai appliquée une ventouse sur le creux épigastrique :
« la cloche étant enlevée, la peau a présenté en relief
« une belle ampoule bleuâtre ; l'afflux du sang n'y était
« pas douteux, et quelques incisions en ont fourni tout
« aussitôt la preuve évidente. L'expérience a été répétée
« plusieurs fois dans les mêmes conditions, et les résul-
« tats précis qu'elle a toujours donnés ne nous ont laissé
« aucun doute sur la valeur du moyen indiqué pour
« constater la présence de la vie. »

La persistance de la vie ne saurait donc échapper dans la catalepsie ; il me sera tout aussi facile de prouver la même chose à propos de la syncope. Celle-ci, comme la catalepsie, constitue un symptôme, un type si l'on veut, auquel aboutissent les affections les plus disparates. Dans la syncope complète, la sensibilité, la motilité, l'intelligence, tout ce qui est de la vie de relation enfin, disparaît ; les actes de la vie organique eux-mêmes subissent une atteinte profonde ; ainsi on observe le relâchement des sphincters, la dilatation des pupilles, etc... (Toutefois ce dernier fait a quelque chose de rassurant, car chez les mourants, c'est le contraire qui a lieu habituellement; la pupille se contracte.) Malgré ces troubles généraux, malgré cette perturbation si grande, il serait inexact de dire avec Ph. Bérard : « Dans le cas de mort par syn- « cope, il est bien difficile d'indiquer où la mort réelle « succède à la mort apparente. » Déjà, les recherches de M. Bouchut ont répondu à M. Bérard. Ce savant a prouvé, par des expériences non douteuses, que, dans la syncope que l'on détermine chez les animaux, les battements du cœur ne sont jamais complètement suspendus. Ces expériences, je les ai répétées en présence des médecins et des internes de Saint-Yon. Le célèbre aliéniste qui dirigeait cet établissement, M. le docteur Morel, son adjoint, M. le docteur Delaporte, ont vu comme moi que tant que le cœur bat chez les animaux que l'on sacrifie par pendaison ou par submersion, on peut les rappeler à la vie, alors même qu'ils présentent une insensibilité générale avec résolution complète des membres et dilatation des sphincters (phénomènes qui caractérisent la syncope), mais que le contraire a lieu quand le cœur s'est arrêté depuis douze ou quinze secondes seulement. Avec moi, ces messieurs ont pu voir encore que la circulation capillaire se continue dans le premier cas, et qu'elle disparaît aussitôt que les battements du cœur sont suspendus.

La syncope qu'il m'a été donné d'observer a été des plus complètes et des plus graves : tout d'abord il était bien impossible de savoir à quoi l'on avait affaire ; c'est la terminaison seule de l'accident qui m'a renseigné ; voici le fait :

Au mois de juin 1867, Mme P..., femme de cinquante ans, habituellement bien portante, fut prise tout à coup de douleurs vives à l'estomac, et tomba en quelques heures dans une prostration alarmante : appelé en toute hâte auprès d'elle, je la trouvai à mon arrivée dans l'état suivant : anéantissement des forces avec perte de la parole; refroidissement général, face grippée, extrémités froides et visqueuses comme chez les mourants. Pour me fixer, je n'avais que des renseignements tout à fait insuffisants. On me disait que la malade était ainsi depuis plusieurs heures, et qu'elle ne s'était plainte que de douleurs stomacales, avec des bruissements d'oreille. La petitesse du pouls, l'altération de la face, me faisaient craindre à tout instant de la voir succomber en faiblesse. Je la couchai étendue sur son lit, j'arrosai ses lèvres avec quelques gouttes d'un liquide cordial, et fis pratiquer des frictions sur tout le corps. Malgré mes soins, elle perdit bientôt connaissance, se raidit dans une sorte de convulsion, et s'affaissa comme inanimée. Pour juger son état, j'appliquai une ventouse sur le creux de l'estomac. Bien que la peau fût froide et décolorée, l'ampoule se dessina parfaitement sous la cloche, et les incisions, en laissant couler le sang, me prouvèrent jusqu'à l'évidence, ainsi qu'aux personnes qui m'entouraient, que la malade n'avait pas cessé de vivre. Je fis continuer les frictions, et bientôt, grâce à un effort de la nature, un changement subit s'opérait. L'estomac s'étant débarrassé en rejetant une certaine quantité de fruits mangés la veille, les accidents disparurent comme par enchantement ; le retour à la connaissance suivit le vomissement; et la guérison se produisit aussitôt instantanée et complète. Il s'agissait, comme on le voit, d'une syncope, provoquée par une indigestion, mais il aurait été bien difficile de se prononcer tout d'abord. Je n'ai nullement la prétention d'attribuer à la ventouse l'heureuse terminaison obtenue; j'ai fait dans ce cas ce que l'on appelle la médecine des symptômes, et il n'y en avait pas d'autres de possible ; mais, en procédant de la sorte, j'ai acquis une preuve sérieuse, irrécusable en faveur du procédé indiqué par moi pour arriver à établir une distinction sûre entre la mort réelle et la mort apparente.

En regard de ces deux observations, je dois placer quelques détails relatifs à la mort subite. Deux faits de ce genre se sont produits dans nos asiles. L'un a été observé par un de nos excellents internes, M. Bergonnier ; le second, par M. Doutrebante, l'interne lauréat de l'école de médecine de Tours, dont j'ai déjà pu apprécier tout le mérite, et que nous avons l'avantage de posséder aujourd'hui dans nos hôpitaux.

Dans le premier cas, M. Bergonnier s'est trouvé, sous le rapport du diagnostic, en présence de difficultés qui doivent se rencontrer bien souvent dans la pratique : demandé auprès d'un malade tombé en syncope, disait-on, il constate en arrivant tous les signes extérieurs de la mort; mais, en auscultant le cœur, il croit entendre quelques battements qui lui donnent à penser que la vie n'est pas éteinte. Pour s'en assurer, comme il connaissait parfaitement mes recherches, il appliqua successivement plusieurs ventouses, mais sans amener une goutte de sang. Cependant il ne pouvait admettre la mort, tant il croyait encore aux bruits du cœur. Je me trouvais précisément dans l'asile à ce moment, et j'ai pu vérifier le fait par moi-même. Après une analyse de tous les symptômes ; après un examen des plus minutieux de la région précordiale, nous avons pu, les internes de l'établissement et moi, reconnaître que le cœur ne battait nullement, par conséquent que la mort était bien réelle, partant, que le résultat négatif fourni par la ventouse, loin d'être en défaut, en avait au contraire révélé tout haut la présence.

Dans le second cas, M. Doutrebante, qui m'a aidé de la manière la plus intelligente dans mes recherches, et qui a répété mes expériences dans les circonstances les plus diverses, voit mourir sous ses yeux une femme frappée d'apoplexie cérébrale. Il applique aussitôt une ventouse sur l'épigastre : le vide des capillaires, démontré par la ventouse, lui prouve, sans restriction, la réalité de la mort. L'auscultation du cœur et tous les essais qu'il a faits pour s'assurer que la malade était bien morte, n'ont fait que confirmer ses convictions sur la valeur absolue de son opération.

Enfin, il me reste à parler d'une observation qui me paraît mériter une attention toute spéciale. Les particularités qu'elle m'a présentées relativement à la mort par asphyxie ont, au point de vue du diagnostic de la mort, une importance qui n'échappera à personne.

De tout temps, l'asphyxie a eu le privilége d'exercer la sagacité des savants et des médecins légistes surtout ;

pourtant il serait bien difficile, aujourd'hui encore, d'en donner une définition exacte. Le nom d'asphyxie constitue lui-même une erreur, car si les artères éloignés du centre circulatoire sont muettes, les gros vaisseaux et le cœur surtout ne se renferment pas dans le même silence. Les expériences de M. Bouchut ont mis ce fait hors de constestation. Aujourd'hui, on ne dirait plus, avec Ph. Bérard : « L'asphyxie constitue un état intermédiaire « entre la vie et la mort. » Ceci n'est, à mon sens, qu'une manière ingénieuse de dire qu'on ne sait si le sujet est vivant ou mort. La vérité est que dans l'asphyxie, comme dans la syncope, la preuve de la vie peut s'établir par l'auscultation du cœur, et que la démonstration en est facile à faire par la ventouse scarifiée. Les expériences de M. Bouchut et les miennes ne laissent aucun doute sur ce point.

En parlant de l'asphyxie, M. Devergie a signalé la persistance de la chaleur et l'absence de contracture, et il en a fait avec raison deux signes caractérisant ce genre de mort. De plus, il a ajouté que chez les noyés la peau était infiltrée, et que l'on pouvait s'en assurer, en faisant çà et là des incisions qui « laisseront, dit-il, suinter un liquide sanguinolent. » Et ce phénomène a été considéré par lui comme propre aux noyés. Dans le fait que j'ai eu sous les yeux, j'ai bien noté la chaleur persistante et la résolution complète des membres du noyé ; mais il n'en a pas été de même pour la seconde proposition de M. Devergie. On en jugera par le simple exposé de mon observation.

Un enfant de quatorze ans, tombé dans un immense bassin, était resté une demi-heure sous l'eau : quand on parvint à l'en retirer, il était encore chaud, et ne présentait que des traces légères de cyanose ; on le coucha sur un matelas, exposé au grand air, et l'on fit des frictions dans l'espoir de le ranimer. J'approuvai beaucoup ces dispositions à mon arrivée : on ne saurait, en effet, trop recommander de procéder ainsi en pareille circonstance ; dans tous les cas de décès même, on devrait en agir ainsi. Au lieu de couvrir les sujets, au lieu de les envelopper complétement comme cela arrive le plus ordinairement, il faut les laisser en rapport avec l'air. Comme je l'ai dit plus haut, la peau offre quelquefois une ressource *ultime;* on doit donc proscrire ces coutumes dangereuses qui font que l'on se hâte, dès lors qu'on se croit en face de la mort, de fermer la bouche, et même d'obstruer les fosses nasales, en même temps qu'on recouvre tout le corps des décédés. On ne saurait trop s'élever contre de pareils usages ; ils n'ont même-pas l'excuse d'un bon sentiment, car le plus souvent ces soins sont donnés par des mains mercenaires, et ne sont que le fait de la routine. Au nom de la science, on doit protester jusqu'à ce qu'ils aient disparu ; tout le monde comprendra le danger de ces manœuvres, car elles ferment la seule voie qui reste ouverte à l'entretien et au retour de la vie, si la mort n'est qu'apparente.

Dans le cas qui nous occupe, la mort n'était pas douteuse ; l'auscultation exacte du cœur m'en avait donné la certitude. Mais les personnes qui entouraient l'enfant ne partageaient pas la même conviction. C'est alors que j'eus recours à mon procédé habituel. En appliquant des ventouses, je me proposais tout d'abord de contrôler les assertions de M. Devergie, et en second lieu, je voulais voir quelle impression cette épreuve ferait sur le public qui suivait avec avidité les détails de l'opération (1) ; malgré des scarifications profondes sur la région de l'estomac, je n'ai amené ni sang, ni liquide sanguinolent; je n'ai rien obtenu sous l'éprouvette, et j'ai eu la satisfaction de voir que tous ceux qui étaient là se rendaient à l'évidence.

La proposition de M. Devergie ne s'était pas vérifiée : tout au contraire, j'ai noté çà et là sur le trajet de mes incisions des points noirâtres très-petits, dus certainement à la formation de caillots microscopiques dans les capillaires de la peau. M. Bouchut, que je ne saurais trop remercier d'avoir bien voulu encourager mes recherches, a constaté la même disposition dans les artères et les veines rétiniennes. En examinant, après la mort, les yeux avec l'ophthalmoscope, ce savant a vu que l'artère était libre et que la veine présentait une colonne sanguine interrompue, c'est-à-dire des caillots alternant avec des vides. En d'autres termes, M. Bouchut a reconnu *de visu* dans les vaisseaux rétiniens le fait que mes expérimentations ont mis au jour, en explorant les capillaires de la peau.

En terminant cette note, je n'ai plus que quelques mots à ajouter pour répondre aux objections qui m'ont été faites. On m'a dit :

« Si la peau est infiltrée, si les artères et les veines « cutanées sont divisées dans le cours de l'opération, « il s'en écoulera un liquide qui trompera l'observa- « teur. »

(1) Je n'avais pas mon appareil, mais un verre ordinaire dans lequel je brûlai quelques morceaux de papier le remplaça parfaitement.

Cette objection se rapproche beaucoup de la proposition de M. Devergie, mais elle a infiniment moins de valeur que celle-ci (1). En effet, quelles que soient les conditions physiques du sujet, il est très-rare d'obtenir de la sérosité dans une application de ventouse ; ce résultat d'ailleurs n'infirmerait en rien mes propositions. Quand on réussirait à extraire, par exception, un liquide sanguinolent, ce ne serait pas du sang qu'on amènerait sous la cloche, ce serait du sérum, *c'est-à-dire un des éléments dissociés du sang, qui prouverait la cessation de la vie,* car la dissociation des éléments du sang constitue la preuve matérielle la plus certaine de la mort.

On m'a dit encore :

« Le refroidissement, la congélation modifieront les « conditions, et par suite les résultats de l'expérimenta- « tion. »

Il me semble que mentionner cette objection, c'est presque y répondre. Il est évident que dans le cas de refroidissement général, on fera bien de commencer par réchauffer la peau avant de procéder à l'opération en cause ; mais quand je me rappelle les résultats obtenus par moi chez les cholériques, dans la période algide, je ne crois pas qu'il soit indispensable de prendre cette pré-

(1) En regard de cette objection, qui est plus spécieuse que fondée, on peut placer l'idée généralement admise qui consiste à croire que la section de la peau doit donner quand même la preuve de la vie en fournissant du sang si le sujet n'est pas mort; cette croyance comporte du moins une partie de la vérité. L'idée est vraie en soi, mais la démonstration est imparfaite. Si la vie persiste, il y a en réalité du sang dans les vaisseaux; mais dans le cas de mort apparente, l'incision de la peau ne suffit pas pour le prouver. Il faut qu'une force nouvelle remplace la force vive disparue; l'impulsion du cœur ne se produisant plus, la ventouse seule peut remplacer, par sa puissance physique, la force physiologique qui fait défaut, et amener le sang à l'extérieur.

caution. La réponse est la même dans l'hypothèse d'une congélation générale. Et l'objection me paraît avoir encore moins d'importance : c'est aux extrémités que les phénomènes de congélation se produisent d'ordinaire, et admettre la congélation générale de la peau, avec persistance de la vie, me semble impossible : cela serait en contradiction avec toutes les lois physiologiques ; on sait que la mort survient rapidement si, par un moyen quelconque, on ferme complètement les pores de la peau, à plus forte raison s'ils sont congelés. Or, je ne crois pas que le centre épigastrique, que j'ai désigné pour être le siége de ces expériences, puisse être ainsi atteint, sans que la mort ne soit intervenue.

Comme on le voit, la science et l'observation sont d'accord ici pour proclamer la valeur du procédé que j'ai indiqué dans le but de juger cette grave question de la mort apparente. L'opération à faire est on ne peut plus simple : Il n'est nécessaire, pour l'exécuter, ni d'être médecin, ni d'avoir à sa disposition des instruments spéciaux ; un verre ordinaire, dans lequel on brûle une feuille de papier, ou que l'on trempe dans de l'eau bouillante, développe, aussitôt appliqué sur la peau, une large ampoule ; et deux ou trois incisions pratiquées sur cette ampoule donnent, en réappliquant la ventouse, la preuve demandée. Chacun peut répéter cette expérience avec la même sûreté, et rendre la démonstration évidente aux yeux de tous.

Rouen. — Imp. Lapierre.

www.ingramcontent.com/pod-product-compliance
Ingram Content Group UK Ltd.
Pitfield, Milton Keynes, MK11 3LW, UK
UKHW021951260726
13994UKWH00004B/1677